U0225827

孙月亚　赵欣如　赵阳 著

寻鸟记

关于认识鸟类的通识课

长江出版传媒　长江少年儿童出版社

图书在版编目（CIP）数据

寻鸟记 / 孙月亚, 赵欣如, 赵阳著 . — 武汉：长江少年儿童出版社, 2024.11
ISBN 978-7-5721-4819-4

Ⅰ. ①寻… Ⅱ. ①孙… ②赵… ③赵… Ⅲ. ①鸟类 - 青少年读物 Ⅳ. ① Q959.7-49

中国国家版本馆 CIP 数据核字（2024）第 032686 号

XUN NIAO JI

寻鸟记

出 品 人：何 龙
选题策划：何少华 傅 箴 谢瑞峰
责任编辑：罗 曼
艺术排版：肖 颖 刘 政
责任校对：张 璠
责任印制：邱 刚 雷 恒

出版发行：长江少年儿童出版社
业务电话：（027）87679199
网　　址：http://www.cjcpg.com
承 印 厂：武汉新鸿业印务有限公司
经　　销：新华书店湖北发行所
印　　张：19.5
印　　次：2024 年 11 月第 1 版，2024 年 11 月第 1 次印刷
规　　格：680 毫米 × 960 毫米
开　　本：16 开
书　　号：ISBN 978-7-5721-4819-4
定　　价：68.00 元

本书如有印装质量问题，可向承印厂调换。

前言

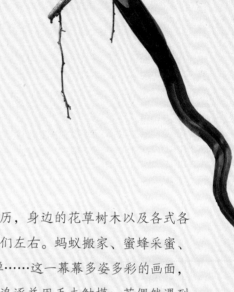

　　童年有许许多多有趣的经历，身边的花草树木以及各式各样的小动物都时常会陪伴在我们左右。蚂蚁搬家、蜜蜂采蜜、蝴蝶飞舞、蜻蜓点水、螳螂捕蝉……这一幕幕多姿多彩的画面，我们总是看不够，甚至还想去追逐并用手去触摸。若偶然遇到了刺猬、松鼠或黄鼬，更是让我们眼前一亮。它们都像是童话世界里的主人，讲述着生命世界里的故事。

　　而最容易看见的动物是那些叫得出名字和叫不出名字的小鸟。当我们在房前屋后看到麻雀、家燕、乌鸦、喜鹊、白头鹎这些居民区常见鸟时，仿佛见到了朝夕相处的老朋友；当我们在公园和郊野偶然见到野鸭、鹭鸟、杜鹃、雉鸡、啄木鸟、老鹰和猫头鹰这些不常见鸟时，我们惊喜不已，感觉是又结识了新的朋友。

　　我们一天天长大，学习和工作的任务也日渐繁忙，但我们难以忘怀孩时最值得珍惜的记忆。诚然，自然的魅力与多彩，常可以被鸟类表达得淋漓尽致，我们如果具备了一种发自内心的热爱之情，带着科学与好奇的眼光、恬静与欣赏的心境、尊重与少打扰的方法，就能与鸟类有更多的交流和互动。

鸟类是最便于观察的野生脊椎动物，一方面是它们的种类繁多，群落庞大，更重要的是，绝大多数鸟类是日行性的陆生物种，我们人类的起居节奏、视觉器官的功能与结构，正好与之匹配。正因如此，200 多年来，观鸟活动长盛不衰，成为风靡世界的，仅次于垂钓的一大户外活动。

"学会观鸟，就如同获得了一张通往大自然剧院的终身免费门票。"这是许多国外观鸟人信奉的理念。我想告诉大家的是，学会观鸟，能够启迪心智、增强好奇心、建立科学思维、唤起热爱自然的真情……

观鸟不能仅限于叫出鸟的名字，更多的是学会不断地深入观察。努力看懂鸟类的形态、行为和生态是观鸟活动的魅力所在。一只鸟可以给我们讲述许多生动的自然历史和今天的故事。每种鸟类都是生命体，隐藏着许多生物世界的奥秘，记录着生物类群进化的历程，彰显着动物身体结构与功能对环境的积极适应。观鸟，其实就是在阅读一本读不完的自然书，慢慢翻看，细细解读，滋养我们的心灵，使我们获益终身。

不得不说的是，和数十年前或 200 年前相比，当今的观鸟活动进入到高度信息化的时代。许多观鸟的工具、器材、记录与交流平台已高度数字化，观鸟的信息交流也是快速而国际化的。有科学价值的观鸟数据与信息，以及与科学家的合作，将成为公民科学发展的重要基础。每个观鸟者都可以参与其中，成为生态文明的践行者。

观鸟的快乐，只有亲身体验才能享受到。让我们憧憬未来，优雅从容地走进鸟类世界，真正成为鸟的朋友。

赵欣如

2024 年 1 月 10 日

目录

1. 高清唯美实拍图

　　书中精选逾 400 幅既能真实准确展现鸟儿的羽色与身体特征，同时具有美感的高清摄影图片。读者朋友可以对照正文中的文字描述，进行识别、观察和欣赏。

2. 妙趣横生的随笔

　　60 余篇随笔，60 多个妙趣横生的观鸟故事，更是60 篇自然观察与写作的范本。作者文字功底深厚，语言风格随故事内容变化，时而活泼欢快，时而诗意盎然，时而温柔敦厚，带领读者走近一只只、一群群飞羽精灵。

3.珍贵守候的视频

在"一睹为快"版块，读者扫描书中二维码，即可观看约100集作者团队亲赴深山、草原、河谷拍摄的视频。这些视频不仅生动展现了鸟儿筑巢、繁衍、育雏的故事，也展现了视频拍摄背后的故事。

4.鸟类学家赵欣如的深入解读

在"观鸟小课堂"版块，鸟类学家赵欣如以科学家的视角，用简练的语言，将鸟类行为背后蕴含的知识与文化娓娓道来。每一篇解读，都是一堂关于认识鸟类的通识课，让读者朋友不仅知其然，更知其所以然。

基础篇

方尾鹟

观鸟，你准备好了吗

有人说："学会观鸟，就如同获得了一张通往大自然剧院的终身免费门票。"

简单讲，观鸟是指用眼睛或借助望远镜观察自然界里野生鸟类的一项户外活动。鸟类值得观察与欣赏的地方很多，如繁多的种类、多彩的羽毛、复杂多样的行为活动、优雅的飞行能力、婉转动听的鸣叫。无论如何，观鸟者首先树立起的观念就是要尊重鸟类，尽量不去打扰它们。

成为观鸟者也要置办一点儿装备，那就是观鸟三大件：望远镜、鸟类图鉴、记录本。

要拥有一副双筒望远镜。倍数在 8 ~ 10 倍最为合适。如果要观察水禽或超远距离的目标，还应该有一副单筒望远镜，倍数在 20 ~ 60 倍为宜。双筒望远镜更适合追踪移动目标，如飞鸟。单筒望远镜更适合观测固定目标，如水中游禽、固定的鸟巢。

选择一本适合本地区的鸟类图鉴。一本好的鸟类图鉴，可以成为你观鸟活动中的"老师"，对你在野外快速识别那些不曾相识的鸟种，是很有帮助的。

◎四声杜鹃

◎ 蓝喉歌鸲　　　　　　　　◎ 山斑鸠

目前，各国都在推进鸟类识别系统的信息化，有一些不错的软件和移动应用程序（App），可以利用手机随时查阅使用。

准备一个记录本，每次观鸟要做必要的记录。除去记录观鸟信息外，还要记录发现的问题。有些朋友更愿意使用手机等电子设备做记录，也是很好的选择。

每次观鸟，都有不同的发现和惊喜：意想不到的鸟种突然出现，偶然出现鸟的特别行为、动作，林中传来天籁般的鸟鸣声，空中的鹰隼闪电般地追击猎物，天边列队远途迁徙的鸟群……一幅幅生动的画面、一个个鲜活的生灵，就在眼前，就在身旁。多么美妙的世界啊，给人们带来无尽的快乐和遐想。

观鸟进行中

观鸟活动起源于200多年前的英国，起初只是皇家贵族的一项娱乐活动，后来逐步演变成在民间普及的大众户外活动。观鸟活动在我国内地已经发展了30多年。你若是一位资深的观鸟者，看看视频可以唤起你的美好记忆；你若是初学者，可以通过视频更多地了解观鸟的活动背景和技术方法；你若是只"菜鸟"，观看视频，可快速踏入观鸟世界的大门。

◎凤头雀嘴鹎

◎红点颏

◎画眉鸟

观鸟小课堂

观鸟的价值

　　一个人若学会观鸟，是一生中都可以享受的户外活动。许多观鸟者是受到身边朋友的影响才进入观鸟领域的。观鸟可以识别种类、赏析行为、解读生态，是一种积极健康接触自然的活动，其活动属性是多样化的：娱乐、休闲、运动、教育、认知都可以包括在其中。从不同的层面看，观鸟活动体现着不同的价值。从观鸟者个人角度，观鸟可以增加自然认知、愉悦身心、增强关注环境的意识；对鸟类学科来说，观鸟活动的普及能引导公众参与，推动鸟类学科的发展；对社会而言，观鸟活动推动了生态文明建设，促进了生态旅游的发展，加强了环境和自然的保护。

黑喉石鵰远眺

我们身边的鸟儿

　　人们身边最常见的动物是什么？大概有的朋友会脱口而出——鸟儿。是的，鸟儿是人类最亲密的朋友，它们无时不在、无处不在，在你工作学习的窗外、在你旅行观览的途中、在你休闲度假的林间。它们在空中翱翔、在水中游弋、在树间歌唱、在山崖上炫技，羽色鲜艳、形态各异。然而，让人遗憾的是，我们许多朋友识别鸟儿种类的能力实在有限。除了喜鹊、麻雀、乌鸦等常见鸟类以外，其他的鸟儿大多叫不上名字。

　　呀，这只"大鸭子"真好玩！然而，它是一只凤头䴙䴘。

◎凤头䴙䴘伴侣

◎棕头鸦雀各怀心思

◎大苇莺抚育大杜鹃雏鸟

嚯，这么多"麻雀"在苇塘！不过，它们是一群棕头鸦雀。

看，这是孩子给妈妈喂饭呢！其实，这是大苇莺在哺育大杜鹃雏鸟。

这种事情天天都在我们身边发生，许多人对鸟类的认知十分有限！

◎黑翅长脚鹬涉水（涉禽）

◎凤头蜂鹰滑翔（猛禽）

010

◎ 灰胸竹鸡巡视领地（陆禽）

◎ 普通秋沙鸭吃鱼（游禽）

实际上，鸟类是上苍赐予我们的礼物，它们可以帮助人类消灭虫害、清理河湖、减少鼠患。这个世界上到底有多少种鸟呢？聪明的人类通过鸟儿不同的行为和生态，将之分成不同的种群。于是我们就知道了，这个世界上大概有1万种鸟类，我国拥有其中的1500余种。只是，这个数目还是过于庞大，科学家们从生态与习性的角度对鸟儿进行概括性的划分，以帮助我们认识和辨别鸟种。鸟类的生态类群在全世界共有8个：走禽、企鹅（类）、游禽、涉禽、陆禽、猛禽、攀禽、鸣禽。我国没有走禽和企鹅的自然分布，只有其他6个生态类群。

◎ 灰卷尾寻找目标

◎ 红点颏侦察（鸣禽）　　　　　◎ 冠斑犀鸟衔果（攀禽）

一睹为快

一起认识不同的鸟儿

　　鸟类在生态系统中的地位和作用是怎样的？科学家如何划分鸟类？不同类群的鸟儿有哪些特点？扫描二维码一起看视频吧！你不仅能了解以上知识，还可以观赏到各类美丽的鸟儿。

鸟类是人类的朋友吗？

　　实际上，大多数鸟儿是我们的良师益友。它们捕食昆虫、鼠类，让田地、草原、森林更加茂盛；它们百啭千声，让我们这个多彩的世界更加生机勃勃；它们启发我们的想象，让人类可以"翱翔"于天际之间。扫描二维码看看相关视频吧！

◎鹰鸮睡眼惺忪

◎大杜鹃觊觎猎物

◎白枕鹤携子探索世界

观鸟小课堂
鸟类的小秘密

　　现存的鸟类身体表面都会覆盖羽毛，而哺乳动物体表不长羽毛，只生毛发，爬行动物和鱼类体表只生有鳞片或骨甲，两栖动物体表完全是裸露的。前肢由骨骼和羽毛等特化为翅膀，也是鸟类所独有的进化特征。蝙蝠和鼯鼠的翼膜虽然也能成为飞行器官，但那不是翅膀。今天生活在地球上的鸟类有一万余种，除了很少的种类失去了飞翔能力，绝大多数鸟类都会飞翔。

　　鸟类产的卵相对于其自身体重来说，可谓是大型卵，并且有钙质的硬壳。一些爬行动物也产卵，但相对其自身体重来说，个头小，另外只有纤维质的软壳。恒温体现了动物保持较高代谢水平的能力，现存的脊椎动物只有鸟类与哺乳类进化出了恒温的机制。

灰腹绣眼鸟

鸟儿们的甜点铺开张了

南国腊月，胜似北方阳春，龙芽花、山樱花、羊蹄花、紫荆花、山茶花等各色花儿竞相开放。这里的鸟儿从来不缺吃喝，它们总想着如何把日子过得更美。除了当地的留鸟，许多的鸟儿不辞辛苦，从北方飞到这里，成为这里的冬候鸟。

花儿开了，鸟儿们的甜点铺开张了！它们也忙碌了起来。

太阳鸟、和平鸟、花蜜鸟等鸟儿流连花间，甚至一些鹎科、山雀科、绣眼鸟科的鸟儿也来凑热闹。它们在花枝间上下翻飞、左突右冲，绿的、红的、黄的、紫的、蓝的，与枝头花朵相互掩映，构成一幅色彩缤纷、生机勃勃的动人画卷。

◎ 绿翅短脚鹎恋花　　　　　　　　◎ 白喉红臀鹎小憩

花蜜鸟科、和平鸟科的鸟儿来了，吸食花蜜，细细品味，这属于文明进食；山雀科、鹎科的鸟儿来了，啄食花朵，拆毁花木，这属于野蛮用餐。无论来者是风度翩翩的护花使者，还是辣手摧花的江洋大盗，花儿们一概来者不拒，甚至十分期待。它们争奇斗艳，誓要让这些"小飞侠们"拜倒在自己的石榴裙下。

　　花儿们似乎含情脉脉地说道：你们不必心怀愧疚，我们对此期待已久。因为我们容颜不会永驻，花期十分短暂，有你们鸟儿传授花粉，才会有满园花海、硕果累累，我们感激还来不及呢，怎么会责怪你们呢？

◎叉尾太阳鸟转移食场

◎灰腹绣眼鸟准备在花中寻找食物

◎叉尾太阳鸟与金铃花

　　一般来说，专食花蜜的鸟儿的传粉效果不如绣眼鸟等短喙鸟儿。鸟喙比较短的鸟儿，取食花蜜时必须全身探入花中，才能获得食物。这样，它们浑身上下沾满了花粉，当飞到另一株花木上时，就完成了花粉传播。它们所食花蜜不多，但是传授花粉效果极佳。

　　金铃花多蜜汁，鸟儿经常光顾。但它的花口向下且紧实，除了悬停这种笨办法，鸟儿们还有着自己的小计策——在花冠管基部啄一个洞，盗取花蜜。它们悬吊于金铃花之上，左右摇摆，这种取食的方式让人忍俊不禁。

　　这就是鸟儿与花儿的奇特关系，两者体现出大自然中生物之间相互依存、互惠互利的共生关系。

◎暗绿绣眼鸟专心致志

花鸟相恋

　　大家都知道，花儿分为自花授粉和异花授粉两种，自花授粉自不必言，那么异花授粉这一现象又是如何发生的呢？鸟儿在其中又扮演了什么角色？扫二维码看看，这个视频为大家揭秘山雀科、鹟科、花蜜鸟科的鸟儿与花儿的关系。

花鸟共存

　　鸟与花的关系十分微妙，暗含玄机，它们之间一个给予，一个回报，形成鸟花共存关系。科学家称之为"花鸟协同进化"。扫二维码看看，这个视频继续介绍鸟儿与花儿的关系，主要介绍叉尾太阳鸟和绣眼鸟与花儿的关系。

◎黑喉红臀鹎凝视

◎绿翅短脚鹎站位

观鸟小课堂
鸟媒传粉

种子植物的有性繁殖都是有"中间媒介"的，如水媒、风媒、虫媒、鸟媒。前两者是无生命的中间媒介，而后两者是有生命的中间媒介。传粉的过程各式各样。

从中我们隐约看到了，植物的有性繁殖及生活史的演化是朝着陆生化方向，摆脱水的限制，以适应多样化的生态条件，完成植物的延续、扩散与发展。

与此同时，昆虫、鸟兽在进化的过程中，与显花植物形成了密不可分的"互利"关系，它们拜访植物是为了获取蜜源和花粉，而植物借助动物的觅食行为完成了授粉的重要过程。

019

红头长尾山雀

一切为了飞翔

　　鸟儿是大千世界里的"全能选手"，凭借雄健的翅膀、强劲的腿脚、坚韧的脚蹼，它们飞越崇山峻岭、游历湖泊海洋、徜徉森林湿地，甚至征服荒无人烟的沙漠、苔原，仿佛无处不在、无往不利。归根结底，能够飞翔是鸟儿们有别于其他脊椎动物的最大优势。

◎红头长尾山雀悬停

显然，鸟儿拥有自己的独门秘籍，为了能够自由翱翔于蓝天，躲避天敌的袭扰，寻找丰饶的食场，经过世世代代的苦修苦行，它们终于进化出举世无双的羽毛，拥有了令人惊羡的翅膀。翅膀必须量身定做，质量过关。翅膀的材质首先必须符合标准——羽毛需要质轻美观，并且结实富有弹性。鸟儿的羽毛分为翅羽、尾羽和体羽等类型，翅羽、尾羽担负着飞翔的重任，体羽是保护身体的羽毛，它是鸟儿身上的罩衣。

　　鸟儿的翅膀也有好几种类型，有适合快速飞行的半月形翅膀，有利于加速捕捉猎物的窄长尖形翅膀，有便于长距离飞行的滑翔型翅膀等。

　　那翅膀的动力源又来自哪里呢？为了给起飞提供强劲的动力，达到升空的要求，鸟儿们进化出发达有力的胸部肌肉。因为，翅膀需要胸部发达的肌肉来牵引，使之能够自由地舞动起来，产生飞行的力量。在鸟儿飞翔时，胸小肌收缩使翅膀扬起；胸大肌收缩使翅膀扇下。能够飞翔的鸟儿，有着发达的胸前龙骨突，以附着这些用于飞行的肌肉。

◎ 水雉拥有半月形翅膀

◎栗喉蜂虎悬停

游隼拥有窄长尖形翅膀

白枕鹤拥有滑翔型翅膀

　　鸟儿想要飞起来，可不能太胖太重哦！鸟儿的骨骼，与哺乳类动物有着很大的不同。首先是骨骼高度愈合，质地坚硬；其次是骨骼中空，呈蜂窝状，并充满了空气，利于飞行。

　　在鸟儿的启示下，人类发明了很多飞行器，让我们也可以从空中饱览天地间的美景。

◎飞翔的白枕鹤

鸟儿外在条件的进化

　　为了飞翔，鸟儿们经过艰苦卓绝的努力，把自己从里到外进化了一番。终于有一天，它们可以腾身而起，翱翔云端，鸟瞰广袤大地。它们是地球上自由的精灵，它们是天空中真正的王者。扫描二维码看看视频吧！

鸟儿内在条件的进化

　　剧烈的飞行运动，需要鸟儿们加快血液循环，增加氧气量供给。在进化历程中，鸟儿们尽量优化内脏器官、减轻体重，逐渐形成了一套独特的生理构造。扫描二维码看看视频吧！

不同类型的翅膀

　　鸟儿的翅膀可分为5种类型，有半月形翅膀、滑翔型翅膀、升腾型翅膀、窄长尖形翅膀和三角形翅膀。那么，这些不同类型的翅膀分属于哪些鸟种？它们各自的功能、特点又是怎样的呢？扫描二维码看看视频吧！

◎ 水雉掠过

◎ 东方白鹳翱翔

◎ 苍鹭起飞

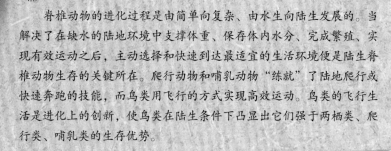

观鸟小课堂
飞行的价值

　　脊椎动物的进化过程是由简单向复杂、由水生向陆生发展的。当解决了在缺水的陆地环境中支撑体重、保存体内水分、完成繁殖、实现有效运动之后，主动选择和快速到达最适宜的生活环境便是陆生脊椎动物生存的关键所在。爬行动物和哺乳动物"练就"了陆地爬行或快速奔跑的技能，而鸟类用飞行的方式实现高效运动。鸟类的飞行生活是进化上的创新，使鸟类在陆生条件下凸显出它们强于两栖类、爬行类、哺乳类的生存优势。

寿带

建筑大师与趣味鸟巢

◎中华攀雀巢

鸟巢的大千世界吸引着我们的目光，唤起我们的好奇心。鸟类——这些建筑大师，为什么能设计并建造出因种而异的鸟巢？

实际上，鸟巢对于鸟类的意义不能简单等同于人类的居所及其功用，它并不是完整意义上的家，其主要功能更接近产房和育婴室。待雏鸟出巢以后，大部分的鸟儿会弃巢而去，不再留恋；很多鸟儿次午还会重回故地，再建新巢；也有些"念旧"的鸟儿会反复使用同一个"老巢"，只做一些加固、修补工作；更有一些鸟儿偏爱"二手房"，喜欢抢占其他鸟儿的巢窝。

◎5只小黄苇鸦待在水面上的枝架巢里

　　鸟儿的生存和延续与环境休戚相关。它们在选择育婴之所时，要考虑各种因素和条件，如食物来源、天气变化以及安全等。当然这种选择是一个逐步的、跨代际的过程，具体到每一只鸟儿，可能更多靠的是本能，即先辈为其留下的建巢技艺和策略。

　　总体而言，鸟巢建设工作在人们看来，体现了因地制宜、就地取材、务实高效的原则；有漂在水面上的浮巢，有悬挂枝头的箩筐巢；有的盘踞土崖，有的裸露于外。树洞里、苇叶间、屋檐下、峭壁上……千姿百态、奇形怪状，只有你想不到的，没有它们做不到的。有的鸟巢极其复杂，费工费时；有的鸟巢化繁为简，几根稻草、几片树叶草草完工；也有的鸟儿是借用其他鸟儿的巢穴，从不自己动手建筑巢穴；更有甚者，直接把自己的卵生在别的鸟的巢穴里，所谓代育代养。

◎黄苇鸦

鸟儿相对于人类无疑是弱势群体。曾几何时，我们在美化城市、建设园林时，并没有充分征求、足够重视鸟儿们的"意见"。我们任意割去芦苇、砍去树枝、打药灭虫，致使它们失去了适宜的育雏环境、食物来源，几无立锥之地。从此再不见鸟儿筑巢忙，再不闻布谷报春声。

今天，我们认识到鸟儿与人类是共生共存的关系。在湿地公园中，夏季会有很多鸟儿在此繁育后代，大苇莺、黄苇鳽、翠鸟、黑水鸡，一派生机勃勃的动人景象。

鸟儿有着极强的护巢行为，即便对手再强大，也毫无畏惧，令我们由衷钦佩，感受到父爱母爱的力量。古人曾说："劝君莫打枝头鸟，子在巢中望母归。"从鸟类的视角来看，对它们威胁最大的，正是我们人类！

◎ 寿带的杯状巢

◎ 黑枕黄鹂的碗状巢

◎ 中华攀雀的囊状巢

◎须浮鸥的浮巢　　　　　　　　　　　　　◎水雉的浮巢

一睹为快

鸟巢是鸟儿的居所吗？

　　鸟巢并不像人类的家园那样，是常年居住之所。鸟儿的巢穴一般是育雏之所，待幼鸟出巢以后，大部分鸟儿将永远地离开，飞往山林河湖去过快乐自在的生活。那么，鸟巢有多少种类型呢？它们又有哪些特点？扫码看看吧！

如何为幼鸟建造安全舒适的"家"？

　　雏鸟的成活率、鸟巢的安全性，与父母的责任心有很大的关系。翠鸟一年之内要繁育3窝幼鸟，建造安全舒适的"家"成为它重要的"工程"。中华攀雀是高超的建筑艺术家，它编造的囊状巢，工艺精湛。北京著名建筑"鸟巢"是根据哪种类型的鸟巢设计的呢？一起来寻找答案吧！

那些在树洞中育雏的鸟儿

　　许多鸟儿喜欢把树洞作为养育后代的场所。有的树洞是天然形成的，有的是白蚁蛀蚀的，也有的是啄木鸟留下的。白眉姬鹟、戴胜要寻找树洞营巢，然后产卵、孵卵、育雏，直至小鸟出巢。而犀鸟的雏鸟生长周期长，雌鸟会一直在巢中陪伴雏鸟。犀鸟甚至会改造、装修爱巢。一起来看看吧！

◎须浮鸥（左）、水雉（右）

建筑材料各不同，鸟儿们却能运用自如

有些鸟儿愿意自己搭建"房屋"，有的由山茅草、草根和藤蔓编织而成，晃晃悠悠；有的呈倒圆锥形或开放的杯状，外壁和内壁由不同的材料建成，结构精致，很结实；有的呈吊篮状，由枯草、树皮、树叶，以及废弃的麻绳、餐巾纸和塑料袋建成……想看看这些形态各异的鸟巢吗？

在水边长大的幼鸟们的"家"

震旦鸦雀在水边筑巢，栗头蜂虎在土崖上掏洞成穴……这些水鸟筑巢是不是没有林鸟麻烦呢？而有些鸟种，它们利用干草叶和草茎，在荷叶、菱角、芡实叶上直接筑成盘状巢。这种巢是否稳固？是否需要排水？扫码观看视频，寻找答案吧！

观鸟小课堂
鸟巢探秘

无论鸟巢选用什么材料、建成什么样式，都需具备集卵、保护和保温这三大基本功能。鸟巢可以将鸟类产下的卵集中固定在一个位置，便于亲鸟坐巢孵化；鸟巢的遮挡和隐蔽性有效地防止了天敌对鸟卵、雏鸟及亲鸟的伤害；鸟巢有利于亲鸟通过释放体温维持对卵和雏鸟的温度控制，使卵和雏鸟在适宜的环境温度下发育，以此提高鸟类的繁殖成功率。

蓑羽鹤

鸟鸣正秋风

秋天来了，最先发布这一讯息的，不是飒飒秋风，而是南迁的鸟儿们。

夏季繁忙的育雏工作终于结束了！北方天气逐渐转凉，鸟儿中大部分成员开始准备南迁。有的带着刚刚成年的孩子，如黑喉石䳭、蓑羽鹤、灰鹤、红嘴鸥、红胁绣眼鸟；有的形单影只，独自赶路，如蓝喉歌鸲、红喉姬鹟、白眉姬鹟。不管是集群出发还是独自上路，它们都神态怡然，悠闲地寻找着食物，享受着秋日的阳光，完全没有春季北去时那种急迫感。

◎黑喉石䳭示警

有些今年刚刚出生的小鸟，第一次走单帮，不知江湖险恶，愣头愣脑地在树间草丛中乱窜，经常误入歧途，置身险境。更多的鸟儿会选择集体南迁，这时未成年的孩子们，依旧可以待在爸爸妈妈身边，学习捕食、飞翔和规避危险。这些顽皮的小鸟，更多时间是在一起打闹、游戏，父母有时也会烦心，出手"教育"这些不听话的熊孩子。它们的存在，让这里的秋天变得喧嚣、热闹、温馨，充满生活气息。

◎蓝喉歌鸲发现昆虫

◎红胁绣眼鸟吞果

◎红嘴鸥寻觅食物

◎红喉姬鹟站枝鸣唱

鸟儿南迁的时间并不统一，从初秋、仲秋到晚秋，都有大批候鸟踏上征程。树上成熟的果子、苇间饱满的种子、田地间遗留的谷物、河湖里肥美的鱼虾，都是它们合口的美食。它们的步履不慌不忙，从容潇洒，一改夏季那种疲惫、焦虑、忙乱的生活节奏。金色的秋天，大部分鸟儿会换上一身新羽，重新焕发青春，个个神气活现，羽色斑斓，与多彩的秋色相映生辉！

◎ 蓝喉歌鸲观察

一睹为快

冬候鸟如何填饱肚子？

每年秋季，北京地区都会飞来许多冬候鸟和旅鸟，有蓝喉歌鸲、黑喉石䳭、红胁绣眼鸟等。它们生活得怎么样呢，又以什么食物来填饱肚子呢？请扫描二维码观看视频。

红嘴鸥飞临北京

北京的秋天，旅鸟红嘴鸥大批过境。它们从东北繁殖地飞来，要去更遥远的地方。妫河里温暖的河水、成群的鱼儿，让它们暂且忘却了旅途的劳顿，欢天喜地地捉起鱼来。一只小红嘴鸥捕到鱼以后，遭到哄抢：一旦出现失误，鱼儿就有可能成为别人的美餐。一起来看看吧！

◎ 红嘴鸥捕鱼

◎ 红喉姬鹟小憩

◎ 红嘴鸥站桩

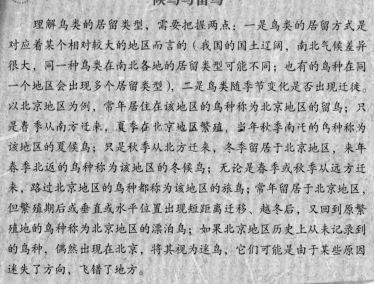

观鸟小课堂

候鸟与留鸟

　　理解鸟类的居留类型，需要把握两点：一是鸟类的居留方式是对应着某个相对较大的地区而言的（我国的国土辽阔，南北气候差异很大，同一种鸟类在南北各地的居留类型可能不同；也有的鸟种在同一个地区会出现多个居留类型），二是鸟类随季节变化是否出现迁徙。以北京地区为例，常年居住在该地区的鸟种称为北京地区的留鸟；只是春季从南方迁来，夏季在北京地区繁殖，当年秋季南迁的鸟种称为该地区的夏候鸟；只是秋季从北方迁来，冬季留居于北京地区，来年春季北返的鸟种称为该地区的冬候鸟；无论是春季或秋季从远方迁来，路过北京地区的鸟种都称为该地区的旅鸟；常年留居于北京地区，但繁殖期后或垂直或水平位置出现短距离迁移、越冬后，又回到原繁殖地的鸟种称为北京地区的漂泊鸟；如果北京地区历史上从未记录到的鸟种，偶然出现在北京，将其视为迷鸟，它们可能是由于某些原因迷失了方向，飞错了地方。

东方大苇莺巡视

鸟儿的神奇技能

沉积脂肪，储备足够的能量，是许多鸟儿迁徙的必要前提。在动身之前，春秋两季它们要不停地吃，以提供几十甚至上百小时的飞行动力。它们像加满油的飞机，在天空中自由飞翔。

东方大苇莺是我国北方地区比较常见的夏候鸟。它们在暮春时节来到这里，以苇间的昆虫为捕猎对象。仲秋时节，草叶枯黄，它们相继离开这里。文须雀是北方地区一种漂亮

◎ 黑尾塍鹬迁徙

的秋冬季旅鸟。东方大苇
莺离开这些日渐枯黄的苇
塘以后，文须雀接踵而至。
它们从更北的寒冷之地来
到这里，以芦苇种子和草
籽为食。这片苇塘中，还
有一种体形更小的鸟儿，
就是棕头鸦雀，它们属于
留鸟，成群结队，一年四
季都生活在这里，春夏之
际以昆虫、蠕虫为食，冬
季以草籽和各类植物种子
为食，属于杂食性鸟儿。

　　显然，棕头鸦雀是这
片苇塘的长期顾客；而东
方大苇莺是夏季驴友；文
须雀则是冬季访客。

◎ 文须雀瞭望

◎灰孔雀雉（杂食鸟类）

◎麻雀（食谷鸟类）

◎灰卷尾（食虫鸟类）

◎雕鸮（食肉鸟类）

最后说下鸟儿的进食行为。按食性，鸟类大致可分成食谷鸟类、食虫鸟类、杂食鸟类和食肉鸟类四种。人们常说："人为财死，鸟为食亡。"这说明食物对鸟儿来讲非常重要。鸟儿一生有三大愿望：一是每天吃饱肚子；二是平安生活；三是娶妻生子。而吃饱肚子，是一切愿望的前提。

◎灰卷尾

◎黑枕黄鹂

◎环颈雉（留鸟）

一睹为快

鸟儿为什么会迁徙？

引起鸟类迁徙的原因很复杂，一般认为，这是鸟类的一种本能。这种本能不仅有遗传和生理方面的因素，也是对外界生活条件长期适应的结果，与气候、食物等生活条件的变化有着密切的关系。那么，真实的情况又是怎样的呢？扫码看看视频吧！

有哪些不同类别的迁徙鸟？

前面我们介绍过候鸟、留鸟、旅鸟、漂鸟、迷鸟和逸鸟，这些概念你完全清楚了吗？你知道不同类别的迁徙鸟吗？你明白为什么同一种鸟，在一个地区既是夏候鸟，又是冬候鸟、旅鸟吗……赶紧扫码看看吧！真是太长知识了！

不同的鸟儿吃什么？

鸟儿消化系统强大，它们要不停地吃，不停地排遗、排泄。所以，鸟儿要利用一切手段寻找食物，否则将面临饥饿的挑战。人们常把鸟类按食性分成食谷鸟类、食虫鸟类、杂食鸟类和食肉鸟类四种。不管如何分，鸟儿由于食性的不同，它们的喙、消化系统有着很大的区别。扫码看看吧！

◎ 文须雀大快朵颐

◎ 棕头鸦雀结群

◎ 黑尾塍鹬觅食

观鸟小课堂

迁徙与扩散

　　鸟类的迁徙行为是人类很早就观察到的自然现象。候鸟们往往因种而异，每年按照其祖先的迁徙路线，在繁殖地和越冬地之间完成长距离的迁徙。而鸟种中总会有个别成员在迁徙季节脱离种群的队伍，另飞他处，被鸟类学家称为某个地区的迷鸟。从本质上讲，这是鸟类的一种扩散行为，它们可能是在探索新的迁徙路线或新的栖息地。

　　还有一些鸟种，本是当地的留鸟，但在季节转换的时候，如秋、冬季它们离开繁殖地，可从高海拔向低海拔移动或从一种栖息生境转移到另一种栖息生境。到冬、春换季时，它们再返回繁殖地。这些活动的距离不是很长，好似在漂泊游荡，这也是一种因季节变化而产生的扩散现象。

东方大苇莺和杜鹃雏鸟

鸟儿的四季食谱

  鸟儿们爱吃什么呢？其实，和我们人类一样，地球上的一切资源，都是它们取食的目标，只是侧重点有所不同而已。有吃鱼的、吃菜的、吃果子的、吃肉的、吃谷物的，凡此种种，不一而足。并且，很多鸟儿会因为季节的变化，改变自己的饮食结构。

  人们观察鸟儿行为时，会发现它们一直在吃，不停地吃。有专家认为，鸟儿因为食物而被迫进行迁徙，说明季节变化对它们的生活影响很大。

◎普通翠鸟大快朵颐

◎普通翠鸟捕红鱼

　　鸟儿不仅消化能力强大，大部分鸟儿的食谱也非常宽泛。比如普通翠鸟，它会把整条鱼吞下，不像我们人类，还要挑刺去骨再食用。普通翠鸟可以通过它强大的胃液，把鱼骨、鱼鳞等无法吸收的残渣混成一个白团，然后从口中吐出来，让人赞叹不已。许多食肉的猛禽囫囵吞下整个食物，再把骨头渣、羽毛等吐出。绣眼鸟吞食金银木果，几分钟或十几分钟就可以排出。

◎绣眼鸟采食花蜜

　　不同种类鸟儿的食物各不相同；同一种鸟儿，在不同的地区、不同的季节，它们的食物也有所不同。

　　春天，各种花朵盛开，会吸引许多贪食花蜜的小鸟。有太阳鸟、绣眼鸟、橙腹叶鹎、红头长尾山雀等。它们有的结群而来，如绣眼鸟、红头长尾山雀；有的单打独斗，如太阳鸟、橙腹叶鹎，它们不喜欢和同伴分享食物。

◎大杜鹃坐享其成

夏季，树木繁茂，昆虫众多，是鸟儿们繁育后代的好时节。为了争夺领地、争取一个好的食场，不同鸟种甚至同一鸟种之间，都会爆发连续不断的冲突，使夏天的河湖池塘热闹不已。最让人感到奇怪的是，体形硕大的杜鹃，居然选择个头矮小的东方大苇莺作为代理父母，真有点"欺鸟太甚"！

秋天来了，鸟儿们开始为食物奔走。在北方，很多小鸟纷纷迁徙，途中也不忘给自己补充点食物，如红胁绣眼鸟。

到了冬季，生活在华中一带的鸟儿们，如黑领噪鹛，一改夏季吃虫的习惯，改食一些果实、草籽。北方天寒地冻，深圳湾却温暖如春。大批的候鸟远道而来，这里的滩涂湿地是一片富饶的渔场，是鸟儿们理想的越冬宝地。有反嘴鹬、赤颈鸭、黑脸琵鹭等，远远望去，声势浩大。

◎东方大苇莺哺育大杜鹃雏鸟

◎黑领噪鹛冬季吃果

◎ 白翅浮鸥

一睹为快

鸟儿的四季食谱——春天的选择

　　小的时候，我们总是被告知，鸟儿是破坏农作物的罪魁祸首，尤其是麻雀。长大以后才知道，人们对鸟儿的误会是如此之深。扫码看看，这个视频为大家还原了一个真实的鸟类世界，首先看看那些在春天食花蜜的鸟儿。

鸟儿的四季食谱——夏日之争

　　在春夏季鱼儿大量繁殖的时候，很多河湖池塘成为食鱼鸟儿的天堂。本集视频为大家介绍这类鸟儿，有蓝翡翠、普通翠鸟、夜鹭、黄苇鳽、白翅浮鸥等。

鸟儿的四季食谱——夏日繁育

　　夏季是昆虫繁盛的季节，是雏鸟和幼鸟补充蛋白质的最佳时机。一对蓑羽鹤夫妇带着两个孩子从远处走来。它们捡拾地上的草籽和昆虫喂养孩子，为了让孩子可以独自飞到南方越冬。扫码看看蓑羽鹤、东方大苇莺抚育雏鸟的故事吧！

鸟儿的四季食谱——秋冬胜景

　　本集视频主要介绍食果实的鸟儿和在滩涂食贝类、鱼类的鸟儿，有黑领噪鹛、震旦鸦雀、琵嘴鸭、反嘴鹬、黑脸琵鹭、黑尾塍鹬等。看看它们为填饱肚子，是如何各显身手的？

◎ 白翅浮鸥

◎ 反嘴鹬滩涂扫货

◎ 黑脸琵鹭

观鸟小课堂

人工投食的利弊

　　野生鸟类种类繁多，食性各异。在北方地区的冬季，许多鸟类都为寻找食物而奔忙。甚至在某些地区，食物资源满足不了越冬鸟类的需求，好心的人们给鸟类投放一些食物来帮助鸟类安全越冬。欧美许多国家，居民有在自家庭院里悬挂鸟食器的习惯，这种行为一度被认为是帮助鸟类的有效手段。

　　日本曾经在20世纪30年代，设置了1~2个地点，专门给越冬的濒危动物白枕鹤投喂食物，吸引了一些白枕鹤到人工投喂点聚集取食。后来的研究表明，鹤类过度密集，容易造成流行病的种内传播，致使鹤的种群衰减。流行病专家的提醒，促使相关方改变了投食策略，将集中投食点改成拉开距离的分散投食点，最大限度避免了由于人工投喂给白枕鹤带来的疾病暴发风险。

　　给野生鸟类投食，不是一件随随便便的事情，应该本着对野生鸟类负责任的态度，在专家指导下，使用科学的方法。

城市篇

红角鸮

关心城市鸟类

记得小时候，城市没有这么多高大建筑，在平房与四合院周围，随处有大树遮阴，家家都会种植一些绿植和花草。每到春秋时节，许多大大小小，不知名的鸟出现在院子里葡萄架上或是护城河畔的荒草滩中。抬头仰望，也会不时看到成群的飞鸟从空中掠过。当看到展开翅膀在空中翱翔的大鸟时，老人会告诉我们，那是专门捉小鸡的老鹰。夏天会有不少家燕、金腰燕到住家的房檐下、门洞里筑巢育雏。到了冬天，还会有成群结队的太平鸟飞到院子里，啄食挂在树梢上的冻海棠，铃铃铃地叫着，把大量的粪便撒在树下的地面上。

如今，随着城市的建设与发展，大量植被减少，许多鸟类远离了我们。如果想要在城市里观鸟，除了常见的麻雀、喜鹊、乌鸦，春天可以欣赏黄腹山雀、罗纹鸭；夏天可以看到蓝喉太阳鸟、杜鹃；秋天可以观赏红角鸮、斑头鸺鹠；冬季可以观察太平鸟、大山雀。

值得庆幸的是，人们逐渐意识到了保护城市生态多样性的重要性。

◎罗纹鸭

◎蓝喉太阳鸟

◎斑头鸺鹠

◎太平鸟

◎人工山雀巢箱

　　为了吸引鸟类、昆虫及各种小动物，人们开始保留和种植一些乡土植物，包括当地的乔木、灌木、草被等。这些能为鸟类和小动物们提供丰富的食物以及隐蔽、栖息、繁殖的环境条件。

　　悬挂人工巢箱是一种技术手段，可以给那些找不到洞穴，且依赖洞穴繁殖的鸟类提供巢址，弥补城市缺少天然洞穴的不足。

　　鸟食台（饲鸟器）是帮助城市鸟类度过严冬和食物匮乏时期的有效措施。几十年来，各式各样的鸟食台成为发达国家和地区风靡之物。它们被悬挂在自家花园、公共绿地和城市公园。常年吸引大量不同的鸟类前来"用餐"，特别是在大雪等严酷的气候环境里，对鸟类的帮助特别大，减少和避免了鸟类的大量死亡。

保护城市鸟类的方法

　　在我们生活的城市里，可以悬挂人工巢箱，招引洞栖性食虫鸟类筑巢繁殖；配置鸟食台，为缺少食物的鸟类解决不时之需；布放水盘和饮水器，供鸟类及时饮用和洗浴……扫码观看这些保护鸟类的方法吧！

◎ 饲鸟器与鸟

◎ 红角鸮巢箱

◎ 绿背山雀

观鸟小课堂
宜居环境与鸟类栖息地

　　随着人们对生态理解的加深，随着生物多样性恢复与保护观念的普及，如何在宜居与环境友好方面对城市进行科学规划与建设成了摆在我们面前的任务。我们提倡关心城市鸟类，不只是想吸引些鸟类，而是希望通过对环境最敏感的鸟类的保护与招引，带动更多的植物、昆虫、鱼类、两栖类、爬行类、哺乳类等本地物种回归城市，与我们共同生活，共享这片土地，实现物种的丰富与多样，使城市更具生命的活力，真正实现生态城市的愿景。

　　从某种意义上说，悬挂人工巢箱、配置喂鸟器等都是一些有局限性的举措，更重要的是恢复各类动物的栖息地，至少在城市公园和社区绿地，要依据科学研究的数据，进行积极的正面干预，为动物朋友们准备好它们的宜居环境。

斑姬啄木鸟

森林医生——啄木鸟

◎大斑啄木鸟发现害虫

啄木鸟是我国城市公园中一种常见的鸟儿，一年四季都可以看见。一只啄木鸟，可以保证13公顷的树林不受病虫害的侵扰。它可以消灭这里90%以上的害虫。当然，一棵树如果频频引来啄木鸟的光顾，那说明它病得不轻了，需要啄木鸟对它进行手术。

哪棵树生病了，啄木鸟一眼就能看出来，然后快速飞临，为树木去除虫害。它们利用又硬又尖的喙，像木工的凿子一样，啄开坚硬的树皮与木质，再用细长而柔软的、带有成排倒须钩且满是黏液的舌头，伸进树木缝隙之中，把隐藏在里面的虫子捉出来。

春天里，啄木鸟会在树木上搞出很大动静来，敲击树干，制造巢穴或是捕捉虫子。由于此时树叶尚未长满，光秃秃的树干上，很容易发现啄木鸟的身影。

啄木鸟的种类很多，在我国比较常见的有灰头绿啄木鸟、大斑啄木鸟、星头啄木鸟等。它们与其他鸟儿的站姿不一样，竖着身子，在

◎星头啄木鸟追踪目标　　　　　　◎大斑啄木鸟开始工作

树木上上下左右地移动，所以很容易辨认。

灰头绿啄木鸟是所有啄木鸟中较为常见的一类，雄鸟前头有红斑，雌鸟没有。春天来到，树林里响起一片尖锐而生硬的錾木声，人们很远就能听到。

大斑啄木鸟常单独或成对活动，繁殖后期则成松散的家族群活动，多在树干和粗枝上觅食。觅食时常从树的中下部跳跃式地向上攀缘，如发现树皮或树干内有昆虫，就迅速啄木取食，用舌头探入树皮缝隙或从啄出的树洞内钩取害虫。

星头啄木鸟，体形略小于大斑啄木鸟。星头啄木鸟主要栖息于山地和平原阔叶林、针阔叶混交林和针叶林中。常单独或成对活动，主要以昆虫为食，偶尔也吃植物果实和种子。

啄木鸟的秘密

　　啄木鸟是一种攀附能力很强的鸟，横着、竖着、倒着、前进、后退、侧移，它们都行动自如，因为它们有一双强有力的爪子。森林树木的挺拔强健全靠它们。大树身上的各种害虫，只要被啄木鸟发现，就无处逃生。扫描二维码，观看视频，了解更多啄木鸟的故事。

◎ 灰头绿啄木鸟

◎ 星头啄木鸟

观鸟小课堂

啄木鸟是如何给大树"看病"的？

啄木鸟最主要的捕食行为，是每天在林间一棵树一棵树地去访问，每到一棵树，就会用尾羽和它的对趾足把住树干，用凿状的喙在树干上敲敲打打，借着敲打的声响判断树干是实心儿还是空心儿，以此准确诊断出藏有蛀虫的位置，然后用坚硬的喙，在确诊的位置凿出一个小孔，再用特有的带倒刺的长舌伸入小孔中将蛀虫取出，将其吞食。

对树木，诊病、手术、治疗，多么流畅的过程啊！难怪人称啄木鸟为树木的医生呢！当然，啄木鸟也会和其他食虫鸟一样，会啄食树皮上、枝叶上、地面上的昆虫，也体现了它们捕食行为的多样化。

偶入都市的毛脚鵟

　　鵟，这个字很陌生，它是隼形目的一种猛禽。毛脚鵟，是说它的跗跖部被丰厚的羽毛所覆盖。这种猛禽是罕见的候鸟，尤其在北京地区。

　　冬天，城市里来了一只毛脚鵟，这显然有些出人意料。它的越冬地应该在丘陵或山脚下的平原上，而不是这里，一定是发生了什么不同寻常的事情。

　　这是一处等待拆迁的场地，残垣断壁，垃圾如山，河水壅塞，成为许多鸟儿和啮齿类动物出没的场所。周围却是另一番景象，高楼林立，厂房连片。照理说，不应该有孤独的

◎毛脚鵟与喜鹊的领地之争

◎喜鹊驱赶毛脚鵟

猛禽出没，即使这里不缺吃喝，也不是它理想的狩猎场所。

向这里的知情人打听才知道，这只毛脚鵟是一只亚成鸟，随父母从遥远的草原而来，在这里中途停顿时发生了意外，父亲在与地头蛇——喜鹊争斗时，不幸撞在了大楼玻璃上身亡。伤心的母亲抛下尚未成年的孩子，独自悲愤而去。

不是所有孩子都会那么幸运，能在父母的精心呵护下快乐长大，鸟儿也是如此。现在，这只毛脚鵟要靠父母传授的那一点技艺，独自成长起来。旁边还有一对红隼夫妇在虎视眈眈。小家伙要尽快学会获得食物，对付那些难缠的喜鹊，躲避高层建筑，找到回家的道路。

冬季的几个月里，它做得非常成功。喜鹊、乌鸦远离它，老鼠、小鸟躲避它，红隼夫妇也不见了踪迹。在天气转暖以后，小毛脚鵟消失在人们的视线里。也许，它会沿着父母曾经的飞行轨迹，前往北极苔原，那里是它的出生地。

毛脚鵟的生存之战

对都市中的一些鸟儿，如喜鹊、麻雀、乌鸦，我们已经习以为常。它们自由往来，洒脱自如，穿行于闹市之中。有一天，它们忽然紧张起来，因为这里来了一位不速之客——毛脚鵟。扫描二维码，观看一只毛脚鵟误入都市的趣闻。

◎ 毛脚鵟

◎ 毛脚鵟展翅

◎ 毛脚鵟飞翔

观鸟小课堂
鵟的食谱

　　毛脚鵟和其他鵟一样，属中大型猛禽，体重能达到1千克，体长可达60厘米，双翅展开达90厘米。看上去，很是威猛。但仔细一看，它们的脚却很小，也就和公鸡的脚大小相近。宽厚雄壮的身体，发达的翅斑和尾羽，怎么长这么一双不起眼儿的脚呢？原来，毛脚鵟的个体虽大，但它们的食谱里主要是啮齿类小动物，偶尔能抓到病残的鸽子和活动能力差的雉鸡、野兔。冬季有时还要吃一些动物尸体。因此不需要长很大的脚爪。

　　当我们看到毛脚鵟在开阔的荒野上空缓慢盘旋时，它们的目光始终注视着地面的动静，一旦发现老鼠或是活动能力差的小型鸟兽，就会俯冲下来抓捕，进食。

小太平鸟观察周围环境

爱逛红果店的小太平鸟

忍冬木（金银木）是北方园林中人们比较喜欢栽种的树木。每到冬季，万木萧疏，玉渊潭东岸却是一派热闹景象。连片的金银木结出累累硕果，把湖岸边染成一片殷红。有一种小鸟非常喜欢它们的果实——金银木果。为此，它们每年都会光顾这里。它们就是小太平鸟，北京地区的冬候鸟。

小太平鸟喜欢徜徉于金银木果之间，在树枝间跳跃。它们两颊抹着腮红，嘟着小嘴，头部"扎"着一束簇状羽冠，披着一袭葡萄灰褐色斗篷，一条黑色贯眼纹从嘴基到眼，延至后枕，有点像京剧脸谱中的花脸。

在你欣赏玩味它们的萌态长相时，忽然，眨眼之间，它们从树上疾驰而下，飞到你的面前。它们对四周环境做了一番评估，认为没有风险后，便开始大快朵颐。

◎小太平鸟小憩

065

◎ 小太平鸟扭颈取食

一、二、三、四……哇！它连续摘取了 8 颗红果，吞到肚里，然后飘然而去。

那种凝重神情一扫而光，露出一丝贪婪的狡黠。

除了小太平鸟以外，"红果店"里还有不少顾客，如太平鸟、燕雀等，它们各取所需。燕雀喜欢把红果捣碎了，咂摸果汁的滋味。而小太平鸟就是整吞整拉，15 ~ 20 分钟逛一次"红果店"。

小太平鸟如何安排自己的冬季生活?

小太平鸟极耐严寒，喜欢吃松果、金银木果及其他浆果，并且栖息地靠近水源。如果某个地方同时具备这几种条件，则冬季在此处发现小太平鸟的概率很大。如北京地区的北海公园、圆明园、农展馆、玉渊潭。扫描二维码，看看小太平鸟是如何安排自己的冬季生活的。

◎ 小太平鸟

◎ 小太平鸟

◎ 太平鸟

观鸟小课堂

食果鸟类

　　我国有两种太平鸟科的鸟儿——太平鸟和小太平鸟。如果我们在逆光下只看到它们的轮廓（剪影），很难分辨。在民间，人们称太平鸟为十二黄，因为它们的 12 枚尾羽都有亮黄色的羽端；人们称小太平鸟为十二红，因为它们的 12 枚尾羽上都有玫瑰红色的羽端。这两个俗名抓住了区分两个近缘鸟种的关键特征。太平鸟和小太平鸟不仅形态相似，食性和习性也相似。我们可以在同一片树林、同一棵树上，同时见到它们。

　　虽然它们在繁殖期要捕捉一些昆虫饲喂雏鸟，但从全年的食谱看，它们属于典型的食果鸟类。太平鸟和小太平鸟觅食时，常整吞果实，只消化果肉的部分，种子随粪便排出，飞到哪儿就排到哪儿，为植物传播种子。它们食量很大，且常常数十只甚至数百只集群觅食，吃饱后找水源喝水，然后飞到适合的大树上停息。

虎纹伯劳

鸟中屠夫——伯劳鸟

小的时候，邻家小弟养了一只鸟，叫"胡不拉"，专吃肉，不吃粮。长相很酷，目光犀利，叫声响亮，咬人很痛。后来才知道，这种鸟的正规中文名叫作"伯劳"，被人们称作"鸟中屠夫"，是雀形目伯劳科的鸟儿，是一种"雀中猛禽"。

伯劳鸟的主要特点是嘴大而强，上嘴先端具有钩和缺刻，和老鹰的嘴差不多。翅膀短而圆，通常呈凸尾状。腿脚非常有力，趾部利爪类似于猛禽，有弯钩。别看伯劳鸟身躯不大，却不是"素食主义"者。昆虫、鼠类、蛙类，甚至小型鸟类，都是它的捕食目标。

◎棕背伯劳

◎水鹨驱赶伯劳

　　伯劳鸟性格刚烈，人们如喂养不当，它常会触笼而亡。当年的邻家小弟，就是对其爱不释手，成天到晚摆弄它。结果可想而知，伯劳鸟由于恐惧，绝食，撞笼而亡。

　　伯劳鸟经常把猎物的尸体插在棘刺上或铁丝网的尖刺上，用嘴撕扯成碎块进食。有时，不把猎物完全吃掉，而是挂在那里风干，用这种方式储存食物。

　　伯劳鸟不饥饿时，一般不会捕食其他小鸟。不过，如果领地被侵占了，它决不答应，会生气地驱赶。

　　伯劳鸟是我国常见的鸟类，全球共有 64 种，我国分布有 12 种。我们身边比较常见的有虎纹伯劳、红尾伯劳、棕背伯劳和楔尾伯劳。

◎虎纹伯劳夫妻育雏

　　虎纹伯劳体长 16 ～ 17 厘米。其整体基调以灰色、黑色、栗褐色、棕褐色和白色为主，其间布有横纹。虎纹伯劳喜欢藏身于密林中，是伯劳鸟中最难拍摄的。

　　棕背伯劳是伯劳中体形较大的　种，体长 23 ～ 28 厘米。它的头大，背部呈棕红色，由此得名。棕背伯劳多见于我国南方，只是到了夏季，北方偶有出现。

　　红尾伯劳比虎纹伯劳略大，体长 18 ～ 21 厘米，俗名虎伯拉。红尾伯劳尾上覆羽红棕色，尾羽棕褐色，尾呈楔形。颏、喉白色，其余下体棕白色。红尾伯劳是北方最常见的一种伯劳鸟，冬季迁徙到南方越冬。

◎ 楔尾伯劳登高远眺

　　楔尾伯劳是 4 种伯劳鸟中体形最大的，体长 25 ～ 31 厘米，尾羽特别长，呈现"凸"字形尾羽。与虎纹伯劳不同，楔尾伯劳喜欢站在高枝上，伺机捕捉猎物。

伯劳鸟的传说

　　关于伯劳鸟的名字由来，在我国古代有一段凄美的传说，和西周名臣尹吉甫有关。

　　让我们扫码观看视频。

◎棕背伯劳

◎棕背伯劳

◎红尾伯劳

观鸟小课堂
伯劳的命运

人们一致认为，伯劳科的鸟种都是益鸟。它们捕捉昆虫和小型脊椎动物为食，在各种栖息地中扮演着促进生态平衡的角色。可在世界的许多地方，伯劳鸟的数量在迅速减少。

研究人员注意到这种现象，努力寻找原因：是人类的经济活动侵占了伯劳的栖息地？是农药和环境污染造成伯劳鸟食物中毒？还是鼠药毒杀老鼠后间接毒害了伯劳鸟？这些判断暂时都没有确切的答案。

有一件事情值得提及，那就是伯劳体内有大量的寄生虫。寄生虫在伯劳体内过多，导致伯劳被感染疾病，会不会也是伯劳鸟数量减少的原因之一？我们期待研究的结果，也期望能发现保护伯劳类群的有效办法，以维护生物多样性。

不讲卫生的戴胜

　　每逢春夏之际，在城市公园的绿地上，会有一种漂亮的小鸟来回捕食，寻找泥土中的虫子。它们羽色为棕红、黑白相间，顶着高高的羽冠，时而打开，时而闭合。这种小鸟就是戴胜。

　　戴胜生存能力强，抚育后代的本领也很强，在全球的分布范围很广。以色列更因戴胜漂亮的羽色和顽强的意志，将其列为国鸟。

◎ 戴胜回巢育雏

◎戴胜喂食

戴胜是重要的林间益鸟。它最与众不同的地方，是会利用自己的长喙，在地面不停地戳，觅食泥土中的虫子，有蝼蛄、蛴螬、金针虫，还捕食地面的蝗虫、蛾类、金龟子、石蝇、跳蝻等。每当它捕到猎物，羽冠常因为兴奋而打开，受到惊吓时也是如此，看上去非常漂亮。

"星点花冠道士衣，紫阳宫女化身飞。能传世上春消息，若到蓬山莫放归。"这是晚唐诗人贾岛的诗《题戴胜》，赞美它头戴华美道士冠，化身紫阳宫仙女，为人们频频报喜——春天来了。

其实，戴胜有一些"不良"的生活习惯，如果诗人贾岛了解到，也许就不会这样写了。戴胜巢内极臭，亲鸟从不处理雏鸟的粪便，不像其他鸟儿，不停地清理雏鸟的粪便。另外，戴胜雌鸟在孵卵期间，会排出一种油状液体，颜色黑棕，把鸟巢搞得又脏又臭。加上戴胜在林间经常发出低沉的咕咕咕的叫声，人们又称它为"臭姑姑"。

一睹为快

戴胜一家的意外

戴胜哺育雏鸟过程中，常常会有一些不速之客，麻雀有时候会来到洞口一探究竟，松鼠也会好奇查看。圆明园里的戴胜一家，终究还是发生了意外。扫描二维码，看看它们的故事吧！

◎ 戴胜守护雏鸟

◎ 戴胜喂食

◎ 戴胜栖息

观鸟小课堂
戴胜家族

    戴胜科中原来只有戴胜一个鸟种，可见它的进化地位比较奇特。这种鸟是世界性分布的鸟，无论走到哪个国家和地区，见到它时，观鸟者一眼就能把它认出来。可不观鸟的人经常把它误认为是一种啄木鸟。只因戴胜的黄、黑、白羽色和大小，很像一些啄木鸟的样子。

    最新的研究发现，戴胜在马达加斯加北部、西部和南部的种群，已经和世界各地的戴胜种群差异比较明显，达到了种间的差异，科学家于是将戴胜的马达加斯加亚种提升为独立的种——马岛戴胜。从此，在戴胜的家族里出现了新成员，戴胜科变成了两个鸟种，即戴胜和马岛戴胜。

长尾缝叶莺

南溪山的鸟儿爱打架

桂林市区内有一座山，南溪山；有一条河，南溪河；有一处洞，白龙洞。人们把这个地方辟为休闲之所，在园子中广种花草树木，如山茶花、山樱花、梅花、芭蕉、木棉等。园子里的花儿引来了许多的鸟儿。鸟儿为了争夺领地和食物，开始了相互之间的驱逐之战。桂林南溪山公园的鸟儿甚至以"打架"而闻名。

福建森林公园的叉尾太阳鸟，它们的目标是山樱花，竞争对手是橙腹叶鹎。叉尾太阳鸟与橙腹叶鹎的争斗是不对等的，叉尾太阳鸟作为弱小一方，没有任何取胜的机会，这样的"战场"呈现一边倒的态势，没有任何悬念，缺乏故事性情节。

而南溪山的叉尾太阳鸟，取蜜目标是山茶花，竞争对于是同类。这种同类间的竞争关系更加激烈、有趣。别看叉尾太阳鸟个头不大，身长只有9厘米，却非要拼出个胜负，竞选出一位小鸟国的领袖。这里不仅雄鸟们相斗，雌鸟们也不顾"大家闺秀"的形象，相互驱离追赶，在花丛中上下翻飞，煞是好看。好在南溪山花的种类很多，为食花蜜鸟提供了更多的机会。山樱花、山茶花、芭蕉果上，都有叉尾太阳鸟的身影。

◎叉尾太阳鸟雄鸟

◎叉尾太阳鸟雌鸟

◎棕背伯劳

◎暗绿绣眼鸟

山茶花树下，临近溪水，有一只棕背伯劳在那里洗浴，一副悠闲的样子。奇怪，它为什么不去捕捉昆虫，而是长时间在树下休息？原来这只棕背伯劳性情凶猛，而且有自己的想法。它掠取的目标是那些毫无警惕性、飞行速度不快的斑文鸟。养足精神后，它会站在高枝上，盯着草丛中毫无戒备的斑文鸟，尤其是那些未成年鸟。一个俯冲下来，小鸟四散，伯劳鸟又得手了，飞向山腰处，那里便是它的"后厨"。

一睹为快

南溪山小鸟的趣事

南溪山的山茶花朵大蜜多，成了鸟儿们争夺的主要对象。这里有叉尾太阳鸟、绣眼鸟、棕背伯劳、斑文鸟、北红尾鸲等。扫码看看鸟儿们之间的有趣故事吧！

南溪山的小鸟如何与猛禽周旋？

对南溪山的小型鸟儿来说，美味的花蜜与潜在的危险并存。谁会与凶猛的家伙周旋？谁会被罚出场？扫码观看鸟儿们精彩纷呈的生活吧！

◎ 斑文鸟栖息

◎ 叉尾太阳鸟

观鸟小课堂

自然舞台

我国著名的动物地理专家张荣组先生曾说："自然就是一个大舞台，各种野生动物都是演员，它们有不同的角色，在舞台上做着各种各样的表演。研究者与观察者就是舞台下的观众，如果你想看到最真实和最精彩的演出，就一定不要惊动和干扰那些动物演员，要耐心专注地欣赏各种演出的剧目。"这段话是张先生1990年在北京师范大学给生物系研究生授课时讲的，至今让我们记忆犹新。他告诉我们观察野生动物的正确心态和方法，让我们在理念层面、研究层面有了深刻的理解。

今天作为热爱自然的观鸟者，如果能够理解这段话并努力实践，观鸟的层次将会迅速提升。

湿地篇

凤头鸊鷉撞胸

相亲相爱的凤头䴙䴘

　　早春二月，颐和园广阔的水面之上，会等来一群从远方飞来、拥有"皇家血统"的水鸟，这就是凤头䴙䴘。它们中的很多成员出生在这里，是"龙子龙孙"。像清代皇帝一样，把颐和园作为自己的行宫，自由往来，无拘无束。

　　在这游人如织的皇家御园，凤头䴙䴘开始了自己的求爱活动。通常，为了抢到一处好的位置，觅得最佳配偶，它们得尽早来到这里。凤头䴙䴘的求偶行为很特殊，并且有些滑稽，双方不断地甩动自己的头部，四目对视，表情凝重；然后一起扎入水中，嘴上衔着一撮水草，在水面上疾驰、撞胸，两羽冠竖直，展开喉部的环形皱领，摇头晃脑，身体左右扭动。丰富的肢体语言，让凤头䴙䴘可以更加深入地了解彼此。

◎凤头䴙䴘互生爱慕

◎凤头䴙䴘在浮巢翻蛋

恋爱过程比较长，并且礼仪烦琐，这种极富仪式感的交流方式，很像古代皇家日常举行的各类祈福活动。

修建浮巢，养育后代，是夫妻双方必须直面的漫长过程。春天风大浪急，巢舍修建十分艰难，毁了再搭，搭了再毁，反反复复！

瞧，这一对凤头䴙䴘夫妇，我们给它们起名喜来、喜妹。这对小夫妇产下了第一窝——6个蛋，结果被这里的䴓公偷了去，于是第二窝延后了一个月。它们的孩子成熟较晚，不知能否赶上秋季的迁徙，这让我们非常担心！人类不负责任的行为，给鸟儿繁育带来极大的干扰，即便拥有"皇家血统"，也未能幸免。

一睹为快

凤头䴙䴘的求爱仪式

每年初春，颐和园都会飞来很多水鸟，其中最让人着迷的，就是极富表演欲的凤头䴙䴘。它们在这里捕鱼、游戏、寻找配偶、生儿育女。最有意思的是凤头䴙䴘的水上求爱仪式。请扫码观看视频。

凤头䴙䴘抚育爱的结晶

凤头䴙䴘经过浪漫的爱情生活以后，就要开始养育后代了。这一过程绝非一帆风顺。那么它们要经历哪些艰难险阻呢？又是如何把雏鸟抚育养大的呢？请扫码观看视频。

◎ 两只凤头䴙䴘相互凝视

◎ 凤头䴙䴘叼草

◎ 凤头䴙䴘曲颈

观鸟小课堂
周期性与单向性

　　鸟类的繁殖过程是一个非常复杂的过程，它的最大特点是具有周期性和单向性。由于能适应各种环境条件，分布在世界各地的鸟类都会按照一定的周期启动和终止它们的繁殖行为。温暖地区的鸟类每年繁殖的窝数会多于寒冷地区。在热带地区，鸟类甚至可以常年繁殖，养育的后代可以一窝接一窝。每个繁殖周期，都会出现一系列的繁殖进程，我们可以人为地将这个过程划分为若干的阶段，占区（划分繁殖领地）—求偶炫耀—配对—筑巢—交配产卵—孵化—育雏。这一繁殖过程一旦启动，它的发展方向是单一的，若因某种原因，在这个过程中，哪个环节被破坏掉，繁殖过程就会终止，只能从头再来。

水雉女王

水雉女王

在鸟类的世界里，"繁殖"算得上一项可以颁发终身成就奖的任务。付出多的一方，由于肩负筑巢、孵卵、育雏等一系列责任，投入成本较高，在选择配偶时，往往更加慎重。由于"肩负责任"，它们的外形也开始往更加低调的保护色方向发展。

而另外一方，由于付出成本少，可以吸引更多异性参与繁殖。为了展示自己基因的"强大"，它们越来越花枝招展，往美丽动"鸟"的方向发展。

◎ 水雉女王

对大部分鸟类而言，雄性的羽毛要比雌性的绚丽多姿。不过，水雉的情况正好相反，水雉是以雌性为核心的"母系社会"。水雉雌鸟的羽毛更为漂亮，它们通常拥有至高无上的权力，就像"女王"一样。

水雉的繁殖是从雌鸟占区，雄鸟进入雌鸟领地开始的。雄鸟们一边"学猫叫"，一边在雌鸟身边飞来飞去。雄鸟总是显得十分谦卑，向雌鸟大献殷勤，俯下身来表示遵从，以取得雌鸟的芳心。

然而水雉雌鸟接受后，画风就突然转变了。雌鸟开始在领地里打斗驱赶其他雌鸟，保护自己的"后宫"。雄鸟则在雌鸟的领地内找地方筑巢，准备孵卵、育雏、传授生存技能等。等到完成交配，水雉雌鸟产卵之后，雌鸟会另占一片区域。如果一只雌鸟足够强大，甚至会驱赶走其他水雉雌鸟，占有它们的后宫，然后"逼迫"这里的雄鸟，继续为它传宗接代，让自己的基因广泛地传播下去。

水雉的繁殖策略

水雉执行"一雌多雄"的"婚配制度"，雌性只承担"产卵"职责，筑巢孵蛋的工作都由雄性完成，雌鸟在繁殖季可以与不同的雄鸟交配产卵，有的多达 10 次。这样的繁殖策略非常有利于种群的发展。扫码看看相关视频吧！

水雉女王与它的"后宫佳丽"

每年的夏季，山东省东平湖地区的湿地里喧闹异常，多色的水雉女王是这里最美丽的水鸟。水雉雄鸟长得没有水雉女王美艳，羽色和身材都逊色不少，对水雉女王献媚的样子十分搞笑。一起来扫码看看水雉女王与它的"后宫佳丽"的故事吧！

◎水雉

◎水雉雌鸟

◎水雉卵

◎水雉掠过

观鸟小课堂

婚配制度

　　在鸟类的世界里，婚配方式也是有规则的。不同的鸟种实施不同的婚配制度，呈现出多样性的特点。大致可分为4类：单配制、混交制、一雄多雌制、一雌多雄制。研究表明，全世界鸟类中，92％的鸟种行单配制，6％行混交制，1.6％为一雄多雌制，一雌多雄制的鸟种仅占0.4％。而水雉就是一种实行一雌多雄制的鸟类。无论哪种婚配制，都有利于鸟类的繁衍和种族的繁盛。

须浮鸥喂食幼鸟

湿地精灵——须浮鸥

　　须浮鸥（灰翅浮鸥）是我国常见的一种夏候鸟，栖息于开阔平原湖泊、水库、河口、海岸和附近沼泽地带。夏季，东平湖苇塘深处，水面布满了芡实叶，这里是须浮鸥的"月子中心"。它们用一些金鱼藻、眼子菜、轮藻等水生植物材料筑巢，掺和泥土，做成一个个简单的浮巢，开始在上面产卵。

　　有的须浮鸥刚刚组建家庭，夫妻之间还在谈情说爱；有的家庭正在孵卵，雄鸟给趴窝的妻子运送口粮；有的家庭里，雏鸟已经出壳，站在荷叶或芡实叶上，等待父母喂食。

◎须浮鸥护雏

◎ 须浮鸥水中捞鱼

◎ 须浮鸥喂食雏鸟

不好！这两只须浮鸥雏鸟好像和妈妈走失了，误入其他须浮鸥的领地，遭到邻近成鸟的攻击。小鸥们四下逃窜，慌不择路，好在有惊无险，它们逃脱了。

雏鸟争食也非常有趣，它们相互抢位，占据有利地形，判断爸爸妈妈飞回的路线，以获得更多的食物。

爸爸妈妈会被小鸥的欺骗伎俩所迷惑吗？当然不会。不管孩子们怎样捣鬼，须浮鸥亲鸟都知道哪只已经吃了，哪只还没有进食。

一睹为快

须浮鸥的"产房"

须浮鸥在繁殖期与非繁殖期的羽色不同，它们还具有一种特别的本领，就是在一个地方振翅飞翔而不挪地方。视频中将介绍须浮鸥夫妇如何育雏；当两只雏鸟都张大嘴嗷嗷待哺时，妈妈是如何做到轮流喂食的……

◎ 须浮鸥降落

◎ 须浮鸥喂幼鸟

观鸟小课堂

半早成鸟

鸟类发育的基本类型分为早成性与晚成性，在这两种典型的发育类型之外，尚有一些过渡类型，须浮鸥的个体发育类型就是其中之一——半早成性。

雏鸟破壳而出，就能睁开眼睛，全身长满雏绒羽，具有一定的体温调节能力，还要待在巢里接受双亲饲喂和监护，也要靠亲鸟保暖和保护。

朱鹮穿林

轰动世界的奇迹——朱鹮归来

天边渐渐泛白之际，终于听到董寨山中传来哦哦的叫声，这是朱鹮来了。朱鹮有着洁白的羽毛，艳红的头冠，被人们视为鸟中"东方宝石"。

东山边淡粉色迷雾中，由远及近，一只、二只、三只……哇，这是一群20只以上的朱鹮！它们在空中变换着队形，时而聚集，时而分散，如同一片祥云，轻轻飘来。每天清晨它们都会从夜宿的灵山密林中飞来，在这里的稻田、池塘中四下觅食。

◎朱鹮"开晨会"

◎朱鹮育雏

美丽的朱鹮并没有我们想象的那样娇气，它们在干涸的稻田里与白鹭争食，在杂草丛生的荒地中与喜鹊为伴，在河流溪涧中与大鹅们抢夺地盘。它们在这里的种群十分稳定。

朱鹮在我国一度难觅踪迹，到了濒临灭绝的境地。一个鸟种如果只剩下几百只，一般来说就是必然要灭绝了。朱鹮却是个奇迹。在20世纪70年代，人们发现在俄罗斯、朝鲜、韩国、日本和中国已经不见朱鹮的野外踪迹，只有在日本的笼舍里还存活着10余只朱鹮，并对其进行笼养下的人工繁殖。人们把挽救朱鹮的最后一线希望投向日本对朱鹮的拯救项目中，尽管科技人员配备了最好的饲养繁育和监控设备，采取了当时最好的技术方法，但没有任何繁殖成功的例子。笼养朱鹮陆续死亡。如今，在我国科学家的努力下，朱鹮归来，让信阳董寨的冬天变得生机勃勃。

朱鹮与其他鸟儿同框

朱鹮常独居，习性安静，一般仅在起飞时鸣叫，常单独或成对或小群活动，极少与别的鸟合群。我们很难得地拍到了朱鹮与白鹭、大鹅、家鸡、喜鹊同框的镜头，扫码看看它们是如何相处的吧！

◎ 朱鹮起飞

◎ 冬日的朱鹮

观鸟小课堂
中国科学家与朱鹮

1981 年，我国科学家刘荫曾先生在陕西洋县发现了 7 只野生朱鹮，林业部门立即在当地建立保护区。

1985 年，李福来先生在北京动物园突破了人工繁育的技术难关，利用从巢中掉落的雏鸟，人工饲养后，繁育出朱鹮的后代，为朱鹮的就地繁育保护奠定了基础。

之后的 40 年间，陕西洋县、河南董寨等地陆续开展了人工繁育、野化放飞的朱鹮保护行动计划，使野外的朱鹮种群日益扩大。

2021 年，我国朱鹮已达到 5000 只。这是一个奇迹，是中国科学家、饲养学家和保护机构在林业部门的全力支持下，对世界濒危鸟类做出的重大贡献。

震旦鸦雀

鸟中熊猫——震旦鸦雀

　　2016 年的冬天，北京市宛平湖迎来了一种几乎绝迹的可爱小鸟——震旦鸦雀，这给北京鸟友带来了极大惊喜。宛平湖连片的芦苇湿地为它们提供了良好的生存环境。

　　只见几只厚嘴、凸眼，系着白围嘴，留着黑眉毛，抖着长尾巴，全身褐黄色的震旦鸦雀蹿上了苇丛。它们左右摇摆，叽叽喳喳，探头探脑，从苇塘深处跳出，开始攀爬苇秆，上下挪动，来回跳跃，样子十分可爱。

◎冬季，震旦鸦雀现身苇丛

◎ 震旦鸦雀在苇丛中觅食

　　震旦鸦雀可以敏锐地发现芦苇秆里藏匿的昆虫，用鹦鹉般的厚嘴破开苇秆，啄食苇秆中的昆虫，有时可直接从蜘蛛网上获取被困住的昆虫。繁殖期到来，它们将 3～5 根芦苇茎秆聚拢到一起，用嘴撕扯出芦苇叶纤维，缠绕在聚拢的芦苇秆上筑巢产卵。

　　震旦鸦雀曾被认为是中国特有的珍稀鸟种，被誉为"鸟中熊猫"。"震旦"是古代印度人对中国的一种称呼，以此给一种小鸟命名，暗示了这种鸟儿的古老、神秘。实际上，震旦鸦雀真正为世人所知，只有约 150 年的时间。之前，它们一直在中国东部沿海的芦苇丛里"默默无闻"，甚至连俗名都没有。直到 1872 年，名叫阿芒·戴维的法国著名博物学家，根据在江苏一个湖边芦苇丛中采集到的一个标本，对震旦鸦雀进行了科学命名。

震旦鸦雀以小群体聚集活动，在进食或休息之时，它们会派出一个"哨兵"进行警戒。哨兵为大家进食保驾护航，是震旦鸦雀赖以生存的法宝。一旦出现红隼、大鵟这样的天敌，哨兵会提前发出预警，提醒大家躲进苇丛之中。震旦鸦雀的鸣叫急促而连贯，非常好听。它们通过不同的声音，告诉大家什么时候是安全的，什么时候是危险的。

　　早饭以后，震旦鸦雀还要聚在一起，相互梳理羽毛，诉说衷肠。一片芦苇被啃食以后，它们会迅速转移战场。为了觅食，震旦鸦雀常常在芦苇秆之间跳来跳去，一不小心爬到了芦苇的最上端。芦苇上端很细，承受不了震旦鸦雀的体重，被压倒在地上，震旦鸦雀会再次跳起，跃到别的芦苇上觅食。走平衡木也是震旦鸦雀的拿手好戏，只是大家都跳上来，就会酿成"悲剧"。

◎夏季，震旦鸦雀造巢繁殖　　　　　　　　　　◎冬季，震旦鸦雀依旧生活在苇丛中

◎震旦鸦雀寻找藏在芦苇秆中的昆虫

一睹为快

罕见的震旦鸦雀现身了

　　震旦鸦雀拉帮结对，三五成群，觅食于芦苇丛当中。众多的围观者，又有这么多的照相机，吓得它们躲在芦苇丛中，迟迟不肯现身。从凌晨到晌午，芦苇丛中只闻鸟鸣、不见鸟影。一起来扫码观看视频吧！

震旦鸦雀遇到麻烦了

　　2017年冬，意想不到的事情发生了，工作人员把大片的芦苇割去，切断了震旦鸦雀的食物来源，这群鸟儿陷入了困境。工作人员为什么要割去芦苇？震旦鸦雀为什么不飞去别的芦苇荡？扫码观看视频，寻找答案吧！

◎ 震旦鸦雀的嘴像鹦鹉的嘴

◎ 苇丛是震旦鸦雀的生存之地

观鸟小课堂
震旦鸦雀与芦苇

　　震旦鸦雀不是水鸟，但它们喜欢湿地。研究发现，震旦鸦雀赖以生存的栖息环境是湿地里的芦苇丛。大片的芦苇不仅给震旦鸦雀提供了隐蔽条件，还为其提供了适宜的食物，以及栖息、繁殖的场所。

　　近些年，各地加强了自然湿地的修复和人工湿地的保护，重新吸引震旦鸦雀前来栖息繁衍。值得注意的是，城市公园等人工湿地对芦苇等挺水植物的管理要考虑相关鸟类的四季需求，不要为了防火和防止芦苇植株退化，一刀切地将大片芦苇割除。对芦苇丛应该采取分区交替式的抚育收割管理办法，使震旦鸦雀等这些濒危鸟种一年四季都有安身之处，让我们的湿地更有活力。

东方白鹳

湿地上的舞蹈家——东方白鹳

　　东方白鹳是湿地上的舞蹈家。它们后肢长、嘴长、脖子长，全身黑白红三色相间，神情凝重，步履优雅，风度翩翩。闲暇之余，它们会曼妙起舞，若霓裳羽衣，若兰陵破阵。

　　东方白鹳属于长寿鸟，最长寿命可达 48 年。东方白鹳从古至今被称为吉祥鸟，也有送子鸟的美誉。它们每年在长江以南越冬，夏季在黑龙江、吉林等地繁育，一般都是集群迁徙。2019 年 3 月中旬，北京沙河来了两只东方白鹳。体形稍小的一只先到达，体形稍大的一只晚数日，我们姑且称它们为秀秀和翩翩。据估计，它们的正常迁徙路线，应该走天津大港一线，这两只东方白鹳大概是掉队偏航了。

◎ 东方白鹳迁徙

◎东方白鹳休憩　　　　　　　　◎东方白鹳育雏

　　东方白鹳很警觉，一只小银鸥飞起也会使它们惴惴不安。秀秀和翩翩几乎同时决定相互接触一下。它们小心相聚，各怀心思。有时为了放松些，它们会拿身边的银鸥开个玩笑。翩翩偶尔张开翅膀，显示自己的力量和威仪。慢慢地，这两只东方白鹳相处已经比较从容了。它们之间通过舞蹈和长喙敲击，传达一种信息，借此建立一种互信关系。

　　东方白鹳雌雄两性在外观上完全相同，只是一般雄性体形大于雌性，所以我们判定秀秀是雌性，翩翩是雄性。

　　东方白鹳非常忠贞，实行一夫一妻制。人们期待着它们能在这里安个家，东方白鹳的求偶育雏期在每年的3月，现在恰逢其时。

　　半个月左右以后，翩翩先行离去，秀秀却晚走5日。这说明它们并不属于亲密的伙伴，宁可单飞也不结伴而行。

沙河湿地的东方白鹳

　　每年都会有一些珍奇旅鸟降临北京，在此盘桓数周后离去。2019年，两只国家一级保护野生动物东方白鹳来到昌平沙河湿地。东方白鹳在沙河湿地的生活是怎样的呢？扫描二维码一起观看吧！

◎ 东方白鹳觅食

◎ 东方白鹳飞翔

◎ 东方白鹳筑巢

观鸟小课堂

不会鸣叫的东方白鹳如何交流?

观察发现,东方白鹳这种漂亮优雅的大鸟都是"哑巴"。它们没有发育完全的鸣管,也没有控制鸣管的鸣肌,所以不会鸣叫。

东方白鹳在种内和种间交流时,多用肢体语言,想要发声时,就用粗大的上下喙连续叩击,发出嗒嗒嗒或咚咚的响声。

研究人员经过仔细观察发现,尽管东方白鹳是通过叩击上下喙发声,但可以产生不同的声效。有3类不同的叩击声,即"警戒声""求偶声""雌鸟声",再配合一定的肢体语言,以表达不同的意思,实现不同的行为目的。

银鸥比翼双飞

空中强盗——银鸥

　　沙河水库，北京以北一处重要的水源，一处鱼肥水美的好地方！每年春季，大量迁徙的候鸟经过此地，将其作为食物补充的驿站。

　　苍鹭、鸬鹚、秋沙鸭、反嘴鹬、金眶鸻，它们如同谦谦君子，低头觅食、很少发出声响。忽然有一天，水面上喧嚣起来，这里的原住民喜鹊、乌鸦开始躁动不安，反复出击、驱赶狂叫，但收效甚微，只得作罢。原来，这里来了一群不速之客——银鸥！

◎银鸥飞翔

这是一支拥有数百名成员的迁徙大军，扶老携幼，妇孺相伴，随行家属众多，并且纪律很差。它们偷盗抢劫，大声喧哗，侵占他人领地，肆意抢劫食物。这里昔日的霸主——乌鸦、喜鹊，也对这群混世魔王没有办法。因为银鸥极富攻击性，喙很厉害，并且数量庞大，原住民们只好在附近的树枝上干瞪眼，吃一些银鸥遗弃的残羹剩饭。

◎ 银鸥拥有弯钩喙

银鸥是高空绚丽的舞蹈家。它们凭借着风力和上升气流，可以在空中长时间滞留，观察水下鱼群的活动。一旦发现目标，它们敛翅疾驰而下。银鸥捕鱼的成功率会随着"鸟龄"的增长不断提高。银鸥的霸道，还体现在它们会抢夺同类的食物，兄弟之间也会因此大打出手。银鸥亚成鸟的捕鱼次数，要远远多于成年鸟，说明它们还在努力提高捕鱼技艺。成年鸟大部分时间在水中的沙洲上晒太阳。

瞧，一只银鸥在空中悬浮，眼睛盯着水面。发现目标，迅速下击，不过一无所获。另一只银鸥翩然而下，可鱼儿个头太大，也没捞上来。鱼儿在水里翻腾，估计是被银鸥的大嘴给戳疼了。另一只银鸥终于得手，它试图把鱼吞下去，但这条鱼实在太大，最后也只能放弃。

银鸥有时会把个头大的鱼，拖到浅滩撕碎了吃，它那带有弯钩一样的喙，与猛禽的类似，十分适合撕扯猎物。沙河两岸常见很多大鱼的尸体，都是银鸥的"杰作"。它们无法吞下整条大鱼，啄上几口就遗弃在岸边，让乌鸦、喜鹊来收拾"残局"。

◎ 银鸥夺食

◎ 银鸥相互追赶

◎ 银鸥俯冲

113

◎ 银鸥捕获一条鱼

银鸥驿站

　　每年 3 月,沙河水库都会迎来一群吵闹的游客——银鸥。它们种群庞大,数量众多,在这里上下翻飞,捕鱼捉虾。银鸥是一种迁徙鸟,沙河水库只是它们途中的一处驿站。它们在这里是如何生活的呢? 请扫码观看视频。

美丽潇洒的银鸥

　　一龄和二龄的银鸥,羽色和嘴的颜色不同。在这个视频里,你会看到银鸥们哄抢食物的画面。银鸥在水面上起飞的方式很特别,而在陆地降落时有时会出点洋相。银鸥出水以后抖水、甩水的动作非常潇洒,令人百看不厌。

◎ 银鸥孵卵

◎ 飞行中的银鸥

观鸟小课堂
迁徙驿站

　　候鸟每年都会完成两次壮举，实现在繁殖地和越冬地之间的迁徙。而大多数种类的候鸟不能不间断地一次性完成两地之间的飞行，它们需要在旅途中做必要的休整——选择适宜的地方，补给能量，恢复体力之后，踏上下一段迁徙之路。从保护生物学的角度看，这些候鸟迁徙的中途停歇地就是迁徙驿站。迁徙驿站必须具备一些条件，如充足的食物、清洁的环境、隐蔽的景观等。在迁徙驿站逗留的时间长短因种而异，短则几小时，长则数十天。这是不同鸟种自己的选择。

　　对鸟类迁徙路线上的栖息地进行保护与管理是非常重要和必要的。它将直接影响成千上万候鸟的"旅居生活"，关乎候鸟能否顺利抵达繁殖地或越冬地，甚至决定候鸟的生死存亡。

反嘴鹬单脚站立进食

海滨盛宴

深圳湾红树林大概是我国面积最小的国家级自然保护区。这里是东半球候鸟迁徙的栖息地和中途歇脚点。每年冬季，来这里的候鸟有 10 万 ~ 20 万只，非常壮观。

旁若无人、大大咧咧捕食的反嘴鹬，是深圳湾滩涂的当红明星。它们在滩涂上横扫，来回行走，取食这里的水生动物。购物狂爱"扫货"，反嘴鹬可以说是爱"扫食"，所以人们形象地称它为"扫帚鸟"。

和反嘴鹬觅食方法有异曲同工之妙的鸟儿，是深圳湾的常客——琵嘴鸭。它们的大嘴像一把大铲子，在泥层中横扫着一切可食用的东西，进食的方式就一个字——"铲"。只是它们的吃相，让人觉得有些难看，远不及反嘴鹬优雅。

◎琵嘴鸭用大嘴铲泥

◎黑脸琵鹭梳羽　　　　　　　　　◎黑尾塍鹬觅食

忽然，浅水边出现一位独行者。它步履稳健，神态怡然，摆动着扁平而又硕大的长喙，在水中左右扫动，捕食浅滩的水生昆虫。这就是全球濒危物种黑脸琵鹭，全球数量约 6000 只。

黑尾塍鹬可以准确掌握每天的退潮时间，它们一哄而上，占领有利地形，拼命地戳，猎食浅滩泥沙中的甲壳动物和软体动物。它们常在水边泥地或沼泽湿地上边走边觅食，不断地将长长的嘴插入泥中。

它们的警惕性很高，一有风吹草动，就集群飞起，在空中盘旋，确定安全以后，它们会迅速降落，继续进食，步调统一、行动一致，成为深圳湾一道亮丽的风景。

疯狂"扫食"的鸟儿们

这一集主要介绍深圳湾滩涂的两种鸟。一种是反嘴鹬，想看看这种嘴反着长的鸟儿的可爱样子，以及怎么"扫食"的吗？它可是独树一帜的全能型选手。另一种是琵嘴鸭，与优雅的反嘴鹬不同，琵嘴鸭的吃相可是有些难看。一起扫码看看吧！

跳跳鱼与水鸟的斗争

弹涂鱼，也叫跳跳鱼，被称为鱼类中的天才，却不幸成为水鸟们喜爱的美食。想不想认识这种可爱的鱼？快来扫码看看吧，这个视频还将让你认识两种鸟，全球濒危物种黑脸琵鹭和深圳湾最常见的水鸟之一——黑尾塍鹬。

◎ 飞行中的黑尾塍鹬

◎ 跳跃中的黑脸琵鹭

观鸟小课堂

滩涂与水鸟

　　为什么大批的候鸟冬季出现在深圳湾呢？因为在深圳湾有一片开阔的滩涂。从生态学的角度看，滩涂往往是生物资源丰富的地方，尤其是泥岸的滩涂，动植物的种类非常多。潮水退去，滩面上、水洼中和被泥沙覆盖之处，鱼、虾、蟹、螺、贝、沙蚕等都是水鸟的美食。在滨海地带的觅食舞台上，各种水鸟都会表演它们的拿手戏，各显其能。黑脸琵鹭和白琵鹭在浅水中迈着缓慢的步子，用嘴划着弧线在泥中探索着觅食。而琵嘴鸭用铲子般的大嘴在水中过滤觅食。海滨的潮间带是众多水鸟的重要栖息地。因此，滩涂的自然保护是非常必要的，不能再置野生鸟类于不顾，进行围海造田、兴建工矿等破坏滩涂的事情了。

苍鹭

苍鹭的集体生活

苍鹭，一种嘴、脖子、腿、脚都很长的蓝灰色大鸟。它们有一个别称，叫"长脖老等"，是因为它们时常伫立在水中，一站就是几小时，一动不动；加之脖子很长，于是留下这么一个别称。

苍鹭在北方地区一年四季都可以看到，不像其他鹭科鸟，需要春秋季迁徙。当然，每年留在这里的苍鹭只是一部分，另一部分还是要迁徙的。苍鹭属于喜欢群居的鹭科鸟，它们一起捕食、飞翔、休息、打闹，连建巢、抚育后代也要凑到一起。

◎苍鹭的群巢

◎苍鹭捕鱼

苍鹭繁育能力很强，育雏成活率高。北京的翠湖湿地，每年都会有大量的苍鹭在此聚集，数量之多，远远超过其承受能力。一棵树上往往有许多苍鹭巢，树上树下都是它们的排遗、排泄物，吵闹之声几里之外都能听到。由于毗邻而居，许多苍鹭亲鸟回巢育雏时，偶尔会走错窝，甚至喂错孩子，其他成年鸟还会攻击邻家雏鸟。

鱼虾是苍鹭的主打食物，如果池塘里的鱼虾不够它们喂饱雏鸟，苍鹭甚至需要飞到很远地方去觅食。于是，一些田鼠、兔子、蟾蜍等陆生脊椎动物，也成了苍鹭的美餐。

科学家做过测试，乌鸦是最聪明的鸟类。不过，这种聪明鸟也被苍鹭愚弄过。我曾经看到这样一幅有趣的场景：几只乌鸦用自己的大嘴努力凿着冰。一只苍鹭就站在旁边冷眼观看，一副若无其事的样子。我很奇怪，它们怎么合群了？于是决定看下去，结果发现，乌鸦费了九牛二虎之力，好不容易在冰面上凿出一个窟窿，刚从水里叼出一条鱼，就被站在一旁的苍鹭给抢走了。四五只乌鸦一起追，想夺回劳动成果。苍鹭很聪明，脖子一扬，把整条鱼吞进肚里，气得乌鸦干瞪眼。

苍鹭的奇特行为

苍鹭捕鱼有小智慧，有时得手，有时失手，遇到特殊情况也会着急。苍鹭取食时各自为战，休息时聚在一起，育雏时毗邻建巢。它们有时像绅士，有时像强盗。扫描二维码，看看苍鹭的故事吧！

◎苍鹭集中休息

◎苍鹭掠水飞行

观鸟小课堂
苍鹭的强大适应性

　　苍鹭是一种适应性很强的鸟类，就连筑巢的选择性适应也不一般。多数苍鹭喜欢聚集在高大的树木上建造巢群，密密麻麻，一个挨一个，热闹非凡。还有的苍鹭选择山地的裸岩地带，在陡峭的岩石小平台上筑巢。当栖息地缺少大树时，苍鹭还可以在浓密的芦苇丛中，寻找地面上往年枯萎的芦苇丛，搭建地面巢。真是因地制宜，巧妙选择巢址。适应性强的鸟种，它们的种群就会壮大而繁盛。

普通翠鸟捕鱼

捉鱼高手——翠鸟家族

鱼狗是吃鱼的狗吗？别误会，其实，这是一种专吃鱼虾的翠鸟科的鸟儿，它们会像狗一样在湖面上追逐、捕食小鱼小虾，故称鱼狗。在我国，有两种鱼狗——冠鱼狗和斑鱼狗，而普通翠鸟、冠鱼狗和斑鱼狗都属于翠鸟科的鸟儿。

普通翠鸟喜欢站在高处，如树枝、电线或高台上，注视水面。一旦发现目标，立刻出击，一击而中。这种捕鱼方式，成功率很高，可谓百发百中。

冠鱼狗主要分布在我国南方各省，它像普通翠鸟一样，贪恋水中鱼虾，伺机捕捉。冠鱼狗羽色优雅，是我国体形最大的翠鸟。由于拥有发达的冠羽，它还获得了一个昵称——花斑钓鱼郎。

斑鱼狗全身羽色黑白斑驳，因此得名。斑鱼狗大多分布于江南，不喜欢北方寒冷的天气。斑鱼狗与普通翠鸟和冠鱼

◎普通翠鸟注视水面　　　　　　　◎冠鱼狗竖起羽冠

◎斑鱼狗锁定目标 ◎斑鱼狗起飞

狗的生活习性有差异。最明显的特征是，斑鱼狗捕鱼时，会在空中停留很长时间，悬停、横移、急转、飘落，都是它的拿手好戏。

斑鱼狗扎入水中前、后，眼睛能迅速调整光线在水中折射出现的偏差，准确跟踪锁定目标，捕鱼成功率高，人们称其为"跳水名将""捉鱼高手"。

为了节省体力，聪明的斑鱼狗会借助风力。它们喜欢在上升气流出现时出击，翅膀上下左右拍打，调整着行动方向，寻找鱼群。一旦发现目标，它们会定点确认，立刻收敛双翅，从几米或十几米的高空疾驰而下。捕到猎物以后，它们会发出尖厉的叫声，像人类吹的哨声，然后擦着水面疾驰而去，找到最近的一处落脚点进食。

斑鱼狗为什么是翠鸟科鸟类中的劳模？

斑鱼狗与冠鱼狗齐名，虽然中文名字很相似，但它俩分别代表着不同的属。斑鱼狗是所有翠鸟科鸟类中的劳模，为什么这么说呢？扫码看个究竟吧！

126

◎ 斑鱼狗栖息

◎ 斑鱼狗发现猎物

观鸟小课堂

鱼狗不是水鸟

斑鱼狗和其他翠鸟科的鸟类经常在水边活动，并不时扑到水中捕捉鱼虾。不少人把它们看作水鸟。其实不然，在我国鸟类的六大生态类群里，水鸟指的是游禽和涉禽，而翠鸟科的鸟既没有雁、鸭类游泳的脚蹼，也没有鹭、鹤涉水的长腿脚。斑鱼狗被归到另一个生态类群——攀禽。

斑鱼狗虽然没有啄木鸟的对趾足，也没有啄木鸟的攀爬技能，但它们的脚趾也发生了一些特异变化，其第二、三、四脚趾的基部发生了不同程度的并联现象，这种趾型被称为并趾足。所有发生脚趾变化的鸟类，如生有对趾足、并趾足、异趾足、前趾足的鸟种，都属于攀禽。关于并趾足的功能，我们还没有找到更好的科学解读。

罗纹鸭

罗纹鸭错爱

　　说起鸭子，大多数人都会觉得很常见，其实，这是一种误解。有些种类的鸭子在我国已经是稀有了，比如中华秋沙鸭、花脸鸭和罗纹鸭。罗纹鸭属于近危物种，由于数量稀少，很难找到同类，闹出了不少笑话！

　　圆明园遗址公园内，有一处武陵春色景区，是仿照陶渊明的《桃花源记》修建的。桃林深处，蓦然出现一个大湖，栖息着许多水禽，有绿头鸭、黑天鹅、小鸊鷉、斑嘴鸭、鸳鸯、鹊鸭等。

　　2018 年，这里多出三只漂亮的罗纹鸭小伙子。它们之所以来到武陵春色景区，一是这里水草丰茂，有吃有喝，人迹罕至；二是这里有一只漂亮的斑嘴鸭妹妹。春天正是"结交

◎ 罗纹鸭三兄弟

◎罗纹鸭（左）与斑嘴鸭（右）

女朋友"的时节，三位"小伙子"在青春期，希望得到"美人"的青睐，获得斑嘴鸭妹妹的芳心。罗纹鸭和斑嘴鸭成亲，有可能吗？其实，科学家研究发现，鸭科鸟存在这种越界行为，这一比例超过 30%。出现这种反常行为，是因为如今罗纹鸭的数量太少了，方圆几百公里之内，也难以寻找到同类。

斑嘴鸭妹妹是如何"考虑"的呢？显然，它的心仪对象不是罗纹鸭，而是一只雄性绿头鸭。虽然，罗老二一直和罗老大争夺配偶，甚至大打出手。可斑嘴鸭妹妹根本不理会它们，甚至躲避、驱赶这两个倒霉蛋。"跨界的爱"终究没有任何结果。

罗纹鸭兄弟的争斗

过去，北京地区鲜有罗纹鸭出现的记录。2018 年初春，圆明园遗址公园来了三只罗纹鸭雄鸟。更让人匪夷所思的是，罗纹鸭雄鸟由于找不到同类雌鸟，对斑嘴鸭雌鸟大献殷勤，这滑稽的一幕让人啼笑皆非。罗纹鸭兄弟之间甚至会争风吃醋和打闹。但斑嘴鸭雌鸟并不领情，而是向绿头鸭雄鸟频频示爱，剧情发展出乎意料。扫码观看视频吧！

◎绿头鸭（左雌右雄）

◎绿头鸭（左）和斑嘴鸭（右）

观鸟小课堂

跨种杂交

　　在自然界，野生鸟类的婚配和繁殖大多是在种内进行的，偶有跨种交配繁殖的行为出现。由于长期的生物演化，不同种类的动物繁殖已形成了种间隔离，即从形态、行为、遗传上都会阻断跨种的繁殖。种类之间亲缘关系越远，就越不会繁殖成功。但亲缘关系很近，就有可能繁殖出后代。其后代会表现出父母双方的一些特征。虽然如此，跨种繁殖产生的后代，往往是不能再进行繁殖的个体。

　　我国古代有过有趣的记载，现藏于故宫博物院宋徽宗赵佶的一幅《芙蓉锦鸡图》，描绘的就是一只红腹锦鸡和白腹锦鸡的杂交后代。两种锦鸡是同一个属，亲缘关系很近，所以产生了"不伦不类"的后代，但之后的事情不得而知。而罗纹鸭和斑嘴鸭分别是两个属的鸭子，亲缘关系较远，怨不得斑嘴鸭雌鸟不理睬罗纹鸭雄鸟的求爱，而主动地与同属的绿头鸭雄鸟"谈情说爱"呢！

黑天鹅

黑天鹅家族里的斗争

　　黑天鹅是一种大型游禽、世界著名观赏珍禽，分布在澳大利亚和新西兰。2008 年，一对美丽的黑天鹅（圈养逸出物种）飞临圆明园遗址公园，在这里繁衍生息。2016 年 12 月，黑天鹅夫妇（称其为二小和小妹）生下五个孩子，鸟友们给它们起名"五福娃"。

　　此刻正值隆冬季节，缺吃少喝，黑天鹅夫妇带着五福娃跨越结冰的湖面，一步一个趔趄，一步一个出溜，样子甚为

◎ 黑天鹅夫妇孵蛋

滑稽。一家子经过两小时的艰难行走（小鹅们不能飞，父母只能一前一后带着它们在冰面上行走）终于来到一处冰面开封、水清草盛的绝美之地。然而，这片水域是五福娃的大哥大牛的领地。一场激战下来，黑天鹅夫妇战败，很不情愿地带着一家子离开这里，去寻找新的食场。在这样艰苦的条件下，五福娃还是在黑天鹅夫妇的精心照料下长大了，由此可以想象它们之间感情何等深厚。

　　然而，第二年春天，五福娃还没有成年，黑天鹅母亲又产下了七颗蛋后，事情发生了惊天逆转。五福娃一直对这些蛋充满"好奇"，围着巢转悠。不过，父母看得紧，这些心怀叵测的小家伙们无从下嘴。

◎五福娃寻觅食物

　　5月4日这一天，神奇的事情出现了，从这些白色的卵壳里，钻出六只毛茸茸的小家伙（一只还没有出壳）。它们叽叽喳喳依偎在母亲身旁。五福娃见状，大怒，决定干掉这些"横刀夺爱"的弟弟妹妹。它们采取"围魏救赵""调虎离山""声东击西"等计谋，成功调走父亲二小，专心对付母亲和弟弟妹妹们。五福娃利用自己长长的脖子，从母亲怀里抓住三只跌落的小家伙，并围而攻之。其中一只被杀死，两只受伤。母亲看到这一惨状，大呼二小。"缺心眼"的父亲才知道上了五福娃的当，赶紧回来驰援孤军奋战的妻子。

　　父亲二小出手，两只受伤的小天鹅暂时脱离危险，蹒跚地爬到妈妈身边，神情茫然，不明白发生了什么事情。父亲二小引颈长鸣，大概是在斥责五福娃的所作所为……

◎母亲带雏鸟逃离

五福娃与弟弟妹妹的冲突

　　整整 36 天，黑天鹅夫妇守护着鸟巢，不让五福娃靠近，原来是弟弟妹妹要出生了。五福娃内心难免失落，爸爸妈妈这是不爱它们了吗？五福娃总想偷袭弟弟妹妹，父亲二小意识到情况不妙，如带刀侍卫，守护在弟弟妹妹身旁，并驱赶五福娃。时间一天天过去，五福娃逐渐长大。后来，它们飞离了这片水域，去寻找属于它们的新天地。扫码看看黑天鹅的故事吧！

◎黑天鹅从湖面起飞

观鸟小课堂

相煎何太急

　　视频中讲述的黑天鹅的故事，是在公园里半放养半野生状态下发生的。第一窝出生的幼鸟，集体围攻第二窝出生的弟弟妹妹，反映出的家庭矛盾仍然是发生在同一物种内。

　　但鸟类社会和人类社会，在行为活动和心理活动方面不可能是完全一样的。似乎用生态学的理论来解释会更加准确，在有限的空间内，当某种鸟类的个体数量（种群密度）过大时，会出现资源竞争的各种异常行为表现。以大欺小、以强杀弱就变成了残酷的现实。我们推测，发生在黑天鹅家族中的残杀情景，属于种内竞争的现象。

137

河东老蓝入巢

美比宝石的蓝翡翠

　　蓝翡翠是一种很漂亮的，以蓝色、白色及黑色为主的翠鸟科的鸟儿。蓝翡翠长着像铲子一样的大红嘴，其他小鸟见到它，都退避三舍。

　　蓝翡翠都是模范夫妻。尤其值得称道的是蓝翡翠雄鸟，在雌鸟孵卵、育雏期间，食物全由蓝翡翠雄鸟承担。蓝翡翠雄鸟辛苦劳累，毫无怨言，可谓鸟类中的"超级奶爸"，足以与犀鸟媲美。

　　在河北省平山县和井陉县冶河的河东村，居住着老蓝一家。雏鸟出壳的最初几天里，蓝翡翠妈妈守护在巢穴里，很少外出觅食。河东老蓝（蓝翡翠爸爸）在给妻子捕获了一条蜥蜴后，来到水塘边洗浴。这可能是河东老蓝最幸福的时刻，它翻飞跳跃，清理羽毛。炎炎夏日，这片刻的欢愉让它感到十分满足。它一连洗浴了五次，心中无比惬意。

　　忽然，远处传来一阵急促的鸣叫。这是妻子的声音，妻子从土穴里钻出，直接飞到对面的杨树上，然后一个翻飞滑翔回来，警告丈夫不许偷懒，催促它快去捕食。河东老蓝忽然意识到，那几只刚出壳的娃娃还没有吃东西呢！慌乱之下，它把一只大蜥蜴送进洞去，却被妻子赶了出来。因为孩子们无法吃下这么大的食物，它们需要的是蜻蜓、甲虫这样的小

◎董寨老蓝夫妇捕到蜻蜓和小鱼

点心。于是，河东老蓝离开浴场，飞往老林子去捕食。

　　董寨老蓝家，蓝翡翠父母为举行孩子们的"成人礼"来回忙活，它们的孩子即将出洞却遇上了一场大雨。在它们快要大功告成的时候，意外出现了：一只蓝翡翠雏鸟，被同胞兄弟推出洞，不久便在大雨中死掉了！

"超级奶爸"的育雏故事

　　河东老蓝不辞辛苦，为孩子们捕食，日子过得十分忙碌。河西老蓝也是一位奶爸。它的四个孩子比较大，所以对食物的种类和数量要求比较高，这可忙坏了河西老蓝。董寨老蓝家的孩子更大。不论是哪位父亲，它们都非常懂得给孩子营养配餐，还知道哪个阶段得给孩子重点补钙。一起扫码看看吧！

◎ 河东老蓝口衔蜥蜴

◎ 董寨老蓝站枝观望

◎ 蓝翡翠

赵老师小课堂

洞巢之卵

　　蓝翡翠在隐秘的洞穴中筑巢。它们选择离水面较近的土壁，用嘴掘土，纵深向内凿出一个很深的隧道（30～90厘米），末端扩大形成巢室，将卵产在巢室中。由于洞穴中光线暗，巢卵不容易被天敌发现，所以卵不需要做隐蔽性装饰，呈白色，没有任何斑点和花纹。由于巢室具有安全且稳定的结构，卵不易滚出巢室。卵接近圆形，像小小的乒乓球。这些特征在翠鸟科家族中是一致的。

　　在我国，蓝翡翠的分布，南方多于北方。南方水道纵横，湿热多雨，是它们理想的家园。蓝翡翠在北方也不罕见，只是需要我们找到其适宜的生存空间。夏季繁育季节，它们需要在有河湖、山岭、土崖壁的地方生活。河湖，意味着有鱼虾可食；山岭，意味着有蜥蜴蟾蜍可餐；土崖壁，意味着可以掘洞筑巢，能够在里面生儿育女。只可惜符合这些条件的地方越来越少了。

141

火
烈
鸟

火烈鸟之谜

　　最近几年江苏盐城来了一群特殊的客人，它们身材高挑、举止优雅、步履轻盈，远远望去，像青雾间的晨曦，像夕阳下的红云，这就是在我国难得一见的火烈鸟。

　　火烈鸟自古以来被人们视为神鸟。它们体形与黑鹳、白鹳相当，高约 1 米，翼展 1.5 米，雄性较雌性体大，通身为洁白泛红的羽毛。不过红色并不是火烈鸟本来的羽色，而是其摄取的浮游生物使原本洁白的羽毛，投射出鲜艳的红色。红色越鲜艳的火烈鸟，体格越健壮，越能吸引异性，其繁衍后代的能力越强。

◎火烈鸟静立在咸水湖的浅水处

143

◎火烈鸟觅食

◎火烈鸟集体休息

火烈鸟吃东西的方式与众不同。它们先把长颈弯下，头部翻转，然后一边走，一边用弯曲的喙左右扫动，触摸水底的小虾、昆虫、贝类、藻类等。这与它们喙的特殊构造有关。具体做法是这样：下喙的沟深和上喙的沟浅呈盖形，其边缘有稀疏的锯齿和细毛，倒置在水中时，就像个大筛子，可以快速地将水吸进来和滤出去。觅食时头往下浸，嘴倒转，将食物吮入口中，把多余的水和不能吃的渣滓排出，并使食物留在嘴里，徐徐吞下。另外，它的舌头很大，也可以帮助将水压出和防止吞食大块的物体。

在我国发现的火烈鸟，一般群体不大，几只到十几只不等，不像非洲种群，动辄成千上万；而且羽色也不太鲜艳，这极有可能与它们摄取的食物缺少某种元素有关。总之，它们在中国是谜一般的存在。很多学者都在研究这一现象，也许有一天能找到答案。

一睹为快

出现在中国的火烈鸟

火烈鸟为什么会出现在中国呢？它们是迷路了吗？火烈鸟的身份同样迷雾重重，它的归属问题困扰了几代科学家。扫码观看视频吧！

◎ 火烈鸟展翅

观鸟小课堂

火烈鸟的分类难题

　　火烈鸟一度被归为鹳形目红鹳科。经过近年的研究，分类学家将其从鹳形目中移出，单独形成一个目——红鹳目，归属红鹳科。将火烈鸟单独成目，说明其在鸟类进化过程中的独特性。

　　全世界的火烈鸟共有3属6种，分别是小红鹳、安第斯红鹳、秘鲁红鹳、智利红鹳、大红鹳、加勒比海红鹳。飞临我国的火烈鸟是大红鹳，早年仅有个别记录，因此被视为迷鸟。近些年，大红鹳在我国多地有了许多笔记录（排除动物园逸出的个体），尽管都是小群或单只，但再把它们视为迷鸟已不妥，应该把它们看作我国自然分布的新鸟种。它们不断有些个体来到我国，寻找新的栖息地，应该是野生大红鹳的自然扩散行为。

145

白尾海雕的越冬群

鸟中轰炸机——白尾海雕

　　2019年冬，三只白尾海雕现身北京市怀柔区的水库——雁栖湖。这是三只体形硕大的空中猛禽。它们的到来，意味着这里即将变成一处杀戮场。

　　这三只大家伙初来乍到，异常兴奋。冰湖中的鸭子、天鹅、黑水鸡不正是它们垂涎已久的美食吗？它们稍作休整，然后快速升空，开始它们的狩猎表演。此刻，湖面之上迅速呈现出千鸟翔集的景象，水禽四下逃窜，做着各种规避动作。鸬鹚、鸭子潜入湖中，躲避空中猎杀。不过，白尾海雕滞空时间很长，它们有足够的时间和体力来应付这一切。水禽们显得幼稚的规避方式，反而给白尾海雕提供了更多的

◎白尾海雕发现食物

机会。不久，一些落单的黑水鸡、白骨顶便落入雕爪；潜水而行的小䴙䴘刚一冒头，便被守候已久的大雕发现，一击而中，命丧黄泉。

一阵追杀之后，湖面之上渐渐安静下来。白尾海雕享受着捕获的战利品，大快朵颐；水鸟们惊魂稍定，重新聚集，相互抚慰，庆幸躲过一劫。这样的杀戮时时上演。整个冬季，雁栖湖中的䴙䴘、黑水鸡、野鸭等惶惶不可终日，担心着自己的命运。

不过，不是所有的小鸟都害怕白尾海雕，一些既得利益者非常欢迎它们的到来。白尾海雕对有的小鸟来讲，是一场噩梦。但对乌鸦、喜鹊这些"地头蛇"而言，白尾海雕的出现，绝对是一桩喜事。它们可以捡拾白尾海雕留下的残渣剩骨，好好享用一番。

◎白尾海雕争吵

◎白尾海雕在冰面上空低飞

一睹为快

雁栖湖上的生死时速

白尾海雕属于大型猛禽，体长 84～91 厘米。成鸟多为暗褐色，尾羽呈楔形，为纯白色，故称白尾海雕。它的上喙边端具有弧形垂突，适于撕裂猎物吞食。雌鸟显著大于雄鸟。雁栖湖的三只白尾海雕以水中的䴙䴘、鸭子、白骨顶为捕猎目标，上演了一场水上的生死时速。请扫码观看视频。

◎降落中的白尾海雕

◎白尾海雕在空中盘旋

观鸟小课堂

海雕家族

　　全世界的海雕共有8种，在我国分布的有4种：白腹海雕、玉带海雕、白尾海雕和虎头海雕。8种海雕有着很近的亲缘关系，它们的形态和习性接近。我国的4种海雕，除了玉带海雕在内地的湖泊地带生活，其他3种都在沿海地区及附近的河口、湖泊等环境栖息。海雕都非常喜欢捕鱼，有时也捕捉野鸭及其他水鸟，也会捕食少量的小型哺乳动物。

　　我们在视频中看到的是迁徙到北京越冬的白尾海雕，冬季湖面大面积封冻后，白尾海雕捕鱼变得困难，于是采取了冬季觅食模式，在冰面上寻找死鱼和其他动物的尸体，或是捕捉能够得手的野鸭及其他水鸟。

　　我国的4种海雕均为国家一级重点保护野生动物。环境污染及栖息地大量丧失，致使它们的数量锐减，亟待我们去拯救与保护。

山地篇

大盘尾登高远眺

走进盈江犀鸟谷

　　云南省盈江县，神秘的远方，地处我国西南边陲，高黎贡山西端。其中，大盈江是中缅之间的界江。这里山高谷深，生活着很多珍奇的鸟儿，如犀鸟、蓝绿鹊、猛隼、大盘尾、栗头蜂虎、黄嘴河燕鸥、金额叶鹎、长尾阔嘴鸟等，都是难得一见的国家级保护鸟类。

　　盈江县属南亚热带季风气候，气候湿润，河谷山地落差极大。多变的地理环境和气候条件，为鸟儿们提供了良好的栖息家园。中国约一半的鸟种都分布在盈江县，盈江县也因此被称为"中国鸟类第一县"。

◎ 蓝绿鹊寻找食物

◎ 大盘尾发现异常

每天清晨，犀鸟谷中会有鸟儿为你报时，像是在说"早早起床哟，早早起床哟"，一声高似一声，一声比一声洪亮，这是噪鹃雄鸟的鸣叫。

紧接着，是大拟啄木鸟低沉、有节奏的呼唤，此起彼伏，回荡在山谷之间。最神奇的是犀鸟，会发出呼呼的声响。这是因为犀鸟的盔突中空，飞行时既可以减轻重量，也可以发出声响。犀鸟因其嘴形粗厚而偏直，嘴上通常具盔突，外形类似犀牛的角，得名犀鸟。

◎ 栗头蜂虎站岗放哨

◎冠斑犀鸟享用蜥蜴大餐

　　盈江县最常见的 3 种犀鸟为双角犀鸟、花冠皱盔犀鸟和冠斑犀鸟。它们被当地少数民族誉为"神鸟"，养育后代的本领高超。犀鸟为了养育自己的宝宝，把家安排在高大的四数木上。四数木是一种高大挺拔、树干通直的落叶乔木，在我国只生长在云南的西部和南部少数地区。这种树木质松软，极易受白蚁蛀食，形成许多白蚁洞。这些大大小小的树洞，为犀鸟繁育后代提供了便利条件。

　　犀鸟妈妈会在树洞内脱掉羽衣，住上几个月，抚育它的孩子。犀鸟爸爸在外边采集并运送食物，站岗放哨。数月之后，等到小犀鸟长大，犀鸟妈妈会换上一身全新的羽毛，带着它的孩子飞出树洞，在茫茫林海中过快乐的生活。

◎ 双角犀鸟急切地飞回巢

犀鸟谷的主角与配角

    犀鸟谷的主角，当属犀鸟无疑。花冠皱盔犀鸟一次性为妻子带回了 26 颗果子，它用喙将果子一颗一颗喂给妻子。花冠皱盔犀鸟是怎样处理果核的呢？

    大盘尾是犀鸟谷里的捣蛋鬼，拖着长尾巴波浪式飞行；色彩艳丽的蓝绿鹊，性情孤僻，胆子很小；灰孔雀雉一家子悠闲地觅食；长尾阔嘴鸟夫妻正在为宝宝编织安乐窝；猎食小鸟的猛隼也在不远处。

    扫码观看犀鸟谷里的悲欢离合吧！

◎ 蓝绿鹊饱食之后

◎ 栗头蜂虎夫妻归来

观鸟小课堂

犀鸟为什么会封堵洞巢？

　　繁殖时，雌雄犀鸟分工明确。雌鸟选择一棵大树上的树洞，进入后在雄鸟的帮助下，用泥封堵树洞口，仅留一个很小的孔隙，有效降低被天敌袭击的风险。雌鸟蜕下羽毛，暂时失去飞翔能力，专心在树洞里产卵、孵卵，抚育后代。它和雏鸟的食物都是靠雄鸟从孔隙处用嘴送入的。

　　由此，我们看到了犀鸟生存与繁殖背后的必要条件。雨林的林龄要高，面积要足够大，大树要足够多，才有可能形成一定数量的大树洞供犀鸟选择；雨林中物种丰富到一定程度，雄鸟才能顺利获取大量的食物，完成繁育期雌鸟和雏鸟"口粮"的供给。

　　因此，犀鸟被作为评价盈江地区雨林环境质量的指示物种。犀鸟的数量和生活状况能够直接告诉我们，雨林是否健康，环境是否稳定。

伉俪情深的双角犀鸟

　　"咕咕——"盈江犀鸟谷里传来沉闷的响声,一只大鸟穿林而过,来到一处树洞前。它为已经闭关孵蛋的妻子带来了水果、坚果和松鼠肉。这就是双角犀鸟——犀鸟谷中体形最大、数量最少的犀鸟。

　　双角犀鸟妈妈孵卵期间,补充蛋白质是很重要的,比光吃果子强得多。双角犀鸟妈妈很挑剔,不好吃的会直接扔到洞外,不给双角犀鸟爸爸留任何情面。这顿松鼠肉,可以让双角犀鸟妈妈高兴一番。双角犀鸟爸爸喂上几口食,就要到

◎双角犀鸟满载而归

◎ 双角犀鸟常在此栖息

一旁的树枝上休息一会儿，显得很疲惫。双角犀鸟爸爸每天要捕食四五次，双角犀鸟妈妈不会把这些食物一下吃掉，而是慢慢享用。

这只双角犀鸟爸爸是当地的明星鸟。据说他 5 次登上央视，还在英国 BBC 电视台节目中出现过。

早餐之后，双角犀鸟爸爸足足有 8 小时没有回来。忽然，人们在山后一片绿意盎然的林木间发现了它。它看上去很不舒服，好像在极力调整自己的状态，心里想着为妻子再捕食一会儿。黑夜漫长，不让妻子挨饿，是它最大的心愿。

它将嗉囊中贮存的食物努力吐出，叼在喙端，然后送入洞中，那样子十分体贴又耐心。只是，它已经不复当年之勇，每次吐食物都要花很大气力。这样的表现极不正常，它生病了。

第二天晚上，有人发现这只明星犀鸟死在了公路旁，走完了它光辉而又充满传奇的一生。人们开始担心树窝里，那只双角犀鸟妈妈的命运。人们想尽一切办法，希望能将困在四数木洞中的双角犀鸟妈妈救出来。不过，这四数木太高了。人们一筹莫展。两天以后，双角犀鸟妈妈居然破洞而出，在附近的树枝上站立一会儿，恢复一下体力，然后飞向犀鸟谷。

犀鸟谷中回响着它的悲鸣，我们心中也充满了无尽的哀伤。

◎双角犀鸟妈妈悲鸣

◎双角犀鸟

一睹为快

双角犀鸟一家的意外

　　双角犀鸟妈妈在树洞里准备产卵、孵卵、育雏。这一过程将持续数月之久，外边的一切事务都要双角犀鸟爸爸来完成。可双角犀鸟爸爸不幸病死，引起了不小的轰动，连北京的动物专家也被请来，查勘它的死因。这是因为双角犀鸟在我国稀有，探究它的死因，有利于今后的保护工作。扫码观看双角犀鸟一家平凡的生活，以及在雄鸟亡故后，雌鸟是如何脱险的。

◎ 双角犀鸟 "出工"

◎ 双角犀鸟展翅

观鸟小课堂

不明死因

　　双角犀鸟在繁殖期有着重要的分工合作，雄鸟突然离世，雌鸟是无法完成繁衍后代的任务的。好在雌鸟没有固守巢穴饿死在巢中，而是啄开泥巴封堵的树洞口，飞离了巢穴，得以求生。关于雄鸟死亡的原因，我们不得知晓，根据观察和记录的线索，我们猜想，这只雄鸟有可能是突发疾病不治身亡，也有可能是在公路上与汽车发生了碰撞，造成脑或内脏受伤而死。无论如何，这是一场悲剧，我们为此而叹息。对双角犀鸟的研究与保护工作任重道远。

163

花冠皱盔犀鸟

友好使者——花冠皱盔犀鸟

花冠皱盔犀鸟是国家一级保护野生动物，长得很漂亮，是犀鸟中的"潘安""宋玉"。

可能自恃颜值高，它们经常搞出一些"花边新闻"。有人发现，一些花冠皱盔犀鸟雄鸟在雌鸟育雏期间，有时会在外边与其他雌鸟逗乐。"妻子"困于封住的树巢之中无可奈何，气得哇哇大叫。虽然这只是个别现象，但还是有辱它们"爱情鸟"的美誉。

◎花冠皱盔犀鸟"出工"

◎不同角度下的花冠皱盔犀鸟

我们现在看到的这只花冠皱盔犀鸟雄鸟，非常记挂自己的"妻子"，没有做出出格的事情。雌鸟产卵了，每天在窝里乖乖地等着雄鸟觅食回来。这只花冠皱盔犀鸟雄鸟，则到了最辛苦的时候。它们家的另一边是缅甸，雄鸟每天要往返数十次，这种"跨国游"对它来讲很平常，对我们来讲却很新鲜。这是在中国安家，去缅甸打工，连"落地签"都免去了。它可真是两国之间的友好使者。

花冠皱盔犀鸟还有个小秘密，它们会给育雏的树洞装上一扇门。这是做什么用的呢？

有人猜测，雌鸟要生育了，装上一扇门，可避免蛇或其他野兽的侵袭，降低被天敌捕食的概率，提高后代的存活率。当然，门并不是完全闭合的，中间有一条小缝隙，便于雄鸟运送食物，雌鸟打扫室内卫生。关于洞门之谜，还有一种说法，即为了"把家门关紧"，更好地抵御其他犀鸟侵占自己的巢洞。

▶ 一睹为快

花冠皱盔犀鸟的故事

花冠皱盔犀鸟雌鸟正在"闭关"，时间长达数月，其间只能靠雄鸟为它和即将出生的孩子提供食物。雄鸟每次可以为孵卵的爱妻带回二三十颗果实，并耐心地一次次将果子送入洞中，真是一枚"暖男"！扫码看看雄鸟忙碌的一天。

◎ 花冠皱盔犀鸟雄鸟送食

◎ 花冠皱盔犀鸟雄鸟

◎ 花冠皱盔犀鸟雄鸟喂食

观鸟小课堂

鸟无国界

花冠皱盔犀鸟，每天往返于中国与缅甸的森林，告诉我们一个简单的道理，鸟无国界——鸟类的栖息与分布，不是按照人类的国度聚集的。

它们的分布都是对栖息地的精准选择。在中缅交界处，有着连片的亚热带雨林，植被甚好，林相一致，才使得花冠皱盔犀鸟一代又一代在此繁衍生息。

从保护生物学的角度看，对濒危物种的保护往往不是一个国家的任务，需要相关国家合作，共同来完成。重中之重，是针对濒危物种开展其栖息地的保护。

167

冠斑犀鸟

热恋中的冠斑犀鸟

冠斑犀鸟是盈江犀鸟谷中体形最小的一种犀鸟，体长仅七八十厘米。

我们拍摄到一对热恋中的冠斑犀鸟入洞前修筑巢穴的画面。雄鸟努力修理树洞，雌鸟在一旁"监工"，看起来非常有趣。工作之余，雄鸟还要跑到山林里去采浆果，再飞回来给雌鸟喂食。多数时候，小两口非常甜蜜，不过有时，冠斑犀鸟阿妹（雌鸟）似乎对阿哥（雄鸟）的工作进度并不满意，几次跑过来"指导工作"。阿哥好似感到自尊心受到伤害，赌气离家出走。别担心，一会儿它就会回来。

◎冠斑犀鸟外出采食

◎冠斑犀鸟入林取食

　　我们曾先后两次来到这里，虽然道路崎岖、天气炎热，但还是想拍到雌鸟入洞的那一刻。也许是鸟巢还没有装修好，也许是雌鸟体内的卵还没有发育成熟，总之，直到我们离开盈江，也没有等到这一刻。天下的事情，不遂人意的有很多，我们只有带着遗憾离开这里。

寻找冠斑犀鸟

　　丛林之中会有多少危险？野兽、毒蛇、蚂蟥、毒蜂……我们一路前行，只有一个目标，寻找冠斑犀鸟。运气不错，虽然雨林中的路十分难走，我们还是看到了一对热恋中的冠斑犀鸟，拍下了它们搭建修饰爱巢的珍贵画面。扫码看看吧！

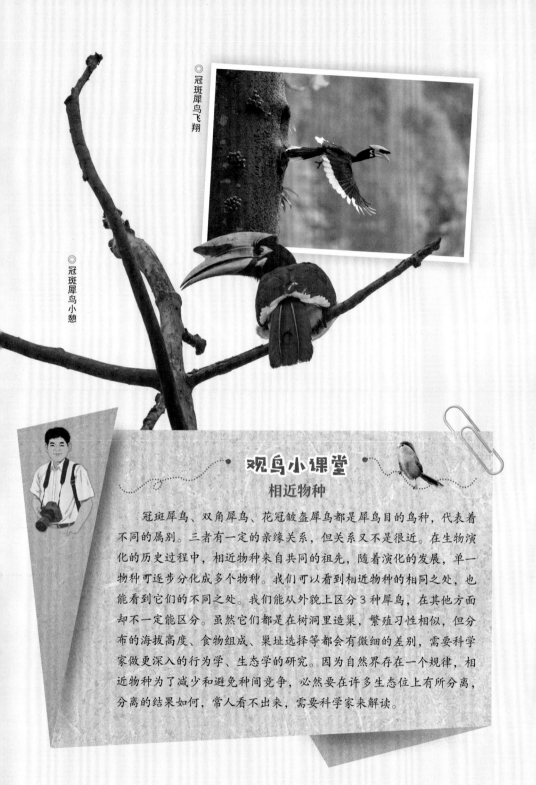

◎冠斑犀鸟飞翔

◎冠斑犀鸟小憩

观鸟小课堂
相近物种

　　冠斑犀鸟、双角犀鸟、花冠皱盔犀鸟都是犀鸟目的鸟种，代表着不同的属别。三者有一定的亲缘关系，但关系又不是很近。在生物演化的历史过程中，相近物种来自共同的祖先，随着演化的发展，单一物种可逐步分化成多个物种。我们可以看到相近物种的相同之处，也能看到它们的不同之处。我们能从外貌上区分3种犀鸟，在其他方面却不一定能区分。虽然它们都是在树洞里造巢，繁殖习性相似，但分布的海拔高度、食物组成、巢址选择等都会有微细的差别，需要科学家做更深入的行为学、生态学的研究。因为自然界存在一个规律，相近物种为了减少和避免种间竞争，必然要在许多生态位上有所分离，分离的结果如何，常人看不出来，需要科学家来解读。

长尾阔嘴鸟加固鸟巢

高山偶遇长尾阔嘴鸟

　　瞧，盈江地区的大山之中，一对个头不大的小绿鸟，在树丛间来回穿梭，口中衔着草叶，一前一后，摇来晃去，把一个个草藤运到树上，编织成一个漂亮的小筐。它们的长相十分呆萌，眼大、头扁、嘴宽、尾长，你知道它们的名字吗？

　　谜底揭晓，这种小鸟叫"长尾阔嘴鸟"。这是一对夫妇，它们正在搭建自己的爱巢。

◎ 长尾阔嘴鸟夫妻

长尾阔嘴鸟长得很漂亮，它们的羽色高度仿真，与林间树叶相融在一起，极难发现。如果是在繁育期时，情况就不一样了，只要发现它们编织的鸟巢，就可以"守株待兔"，等待它们的归来。长尾阔嘴鸟筑巢，一般选在晨昏两个比较凉快的时段。只要你有足够的耐心和毅力，就一定能有所收获。

与大多数身材圆乎乎的阔嘴鸟不同，长尾阔嘴鸟拥有一条长而蓝的大尾巴。它们羽色艳丽，由亮黑色、亮蓝色、亮黄色、暗蓝色、绿色、白色、亮草绿色、淡绿色、淡蓝色等十来种颜色巧妙地组合在一起。

◎长尾阔嘴鸟口衔巢材

一睹为快

长尾阔嘴鸟和它的家族

有人说长尾阔嘴鸟像泥偶娃娃，眼神呆萌，经常透露出俏皮的神态。长尾阔嘴鸟夫妻精心营造爱巢，然而晃晃悠悠的巢很是让人担心，是不是豆腐渣工程？扫码看看吧！

◎ 长尾阔嘴鸟夫妻一同寻找巢材

◎ 长尾阔嘴鸟树间栖息

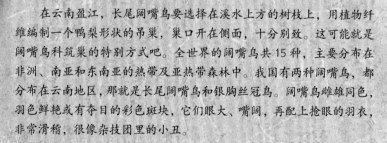

观鸟小课堂

梨形巢的主人

　　在云南盈江，长尾阔嘴鸟要选择在溪水上方的树枝上，用植物纤维编制一个鸭梨形状的吊巢，巢口开在侧面，十分别致。这可能就是阔嘴鸟科筑巢的特别方式吧。全世界的阔嘴鸟共15种，主要分布在非洲、南亚和东南亚的热带及亚热带森林中。我国有两种阔嘴鸟，都分布在云南地区，那就是长尾阔嘴鸟和银胸丝冠鸟。阔嘴雌雄同色，羽色鲜艳或有夺目的彩色斑块，它们眼大、嘴阔，再配上抢眼的羽衣，非常滑稽，很像杂技团里的小丑。

猛隼站岗

让小鸟闻风丧胆的刺客——猛隼

在云南大盈江和洪崩河河谷，生活着一种罕见的小猛禽，它们让所有小鸟都闻之胆战心惊、唯恐避之不及，这就是猛隼。

在一座废弃的景颇族山寨之上，生活着一对猛隼。它们捕食大盈江河谷中的小鸟来喂养自己的孩子。

猛隼的繁殖期在每年的4—6月，它们以乌鸦废弃的巢穴或其他鸟巢为育雏之所，有时也会修巢于山崖之上。它们的巢很简单，每窝产三四枚蛋。与一些大型猛禽不同，猛隼的雏鸟成活率很高，夫妻轮流孵化，25天左右即可出壳。

◎猛隼捕猎

◎云南大盈江

猛隼雄鸟是一位出色的猎手，每天在外边忙碌，一天可以捕到十几只小鸟，带回家中交给妻子。雌鸟在巢穴附近站岗守护雏鸟。当雄鸟带回战利品后，雌鸟会叼着食物到一旁，拔去猎物的羽毛，再去喂雏鸟。可谓，雄鸟主外，雌鸟主内，分工明确，有条不紊。

老树周围是光秃秃的山岭，没有任何遮蔽。这里的景颇山民享受国家的康居工程，早已迁居下山。寨子废弃多年，既无人类干扰、又无树木遮挡，成为猛隼夫妇最佳的狩猎场。

猛隼狩猎，需要一片开阔的地带，凭自己超快的飞行速度，猎杀过路的小鸟。燕子、山椒鸟、绣眼鸟、凤头鹀等，都是它们的盘中餐。

猛隼的育雏故事

猛隼在我国只有云南和西藏等少数地区才有分布，为全球性近危物种。猛隼虽然威猛，但同样会面临威胁。比如凤头蜂鹰有时候也会抵近它们的巢穴，让人不免产生一丝担忧。扫描二维码，一起来看看吧！

178

◎猛隼猎捕归来

◎猛隼侦察

观鸟小课堂

神奇杀手

　　世界上所有的隼，乍一看都像老鹰。其实不然，它们最大的形态差异在翅型，隼类都是尖形翅，而鹰类往往是圆形翅。尖形翅在飞行时，适于快速向下俯冲。因此，猛隼在狩猎时，多从高空寻找猎物，一旦有发现，会加快飞速，收拢双翅，向下俯冲追击，似闪电般飞行，被捕食者往往逃脱不了。另外，隼的鼻孔中，都有一个矗立的骨质小棍，据说是为了疾速飞行时，减少气流对鼻腔的冲击，对鼻腔有很好的保护作用。鹰却无此结构。

　　有趣的是，在训练军鸽时，有一个科目就是训练军鸽发现空中有鹰隼出现时，一定要命令军鸽往高空飞，有效避免军鸽被捕，耽误送信的军事任务。

白腿小隼

婺源冬之语

　　江西省婺源县，号称"中国最美乡村"。清晨，一群羽色黑白相间的小家伙先后抵达，它们站在一条枯树枝上，左顾右盼，亲热问安。它们样子实在可爱，个个长得像小型熊猫，很多人亲切地称它们"熊猫鸟"。这种可爱活泼的小猛禽，名为白腿小隼。

　　白腿小隼是群居式小猛禽，由于个头小，外出狩猎要依靠群体力量。每天一早，大家要聚在一起"开晨会"，分配一下狩猎区域、活动范围。这种团队精神让人啧啧称奇！

◎ 白腿小隼"开晨会"

当然，这里也有不守规矩的，赖在家里不出来，结果耽误了大家的时间。被"白队长"狠狠地处罚了一回，站在外面淋雨！不过，这种体罚我们并不提倡，希望"白队长"以批评教育方式解决问题。

白腿小隼是婺源的稀有鸟种，但婺源的鸟类明星绝非只此一种，中华秋沙鸭同样值得关注。中华秋沙鸭早先的名字叫"鳞胁秋沙鸭"，属于第三纪冰川期后残存下来的物种，距今已有 1000 多万年了，是中国的珍稀鸟类，它们的数量甚至比扬子鳄还要稀少。

中华秋沙鸭十分怕人，稍微抵近观看，它们就会惊慌逃走。中华秋沙鸭与普通秋沙鸭外形无异，大小相当，只是腹部的花纹有所不同。奇怪的是，普通秋沙鸭种群庞大，支脉旺盛；而中华秋沙鸭数量稀少，几近濒危。这是值得探究的问题。

◎ 中华秋沙鸭在水中游弋

◎白鹇翩然而至

　　在这一片低矮的山岭之间，还生活着一种美丽而又珍稀的大鸟——白鹇。它们生活在林木茂盛、有溪流的地方，生性机警，胆小怕人，受惊时多由山下往山上奔跑。白鹇有自己的作息时间，什么时候下山喝水觅食，由雄鸟说了算。我们在寒风冷雨中苦苦等待，几个小时过去了，山中传来咕咕的叫声，不久以后，白鹇陆续出现在溪流中，有成鸟和幼鸟、有雄鸟和雌鸟，共十几只，这是一个庞大的家族……

◎白鹇来到溪流间

纪律严明的白腿小隼"部队"

　　白腿小隼这支团结的"部队"，它们如何"开晨会"？如何惩戒"懒宝宝"？白队长如何"下达任务"？如何组织大家一起背诵"狩猎颂"……快扫码看看吧！

中华秋沙鸭哄抢鱼儿

　　中华秋沙鸭远道而来，在婺源星江河快乐嬉戏。你所见过的其他鸭科鸟类，喙形是扁平的，而中华秋沙鸭的喙形侧扁，前端尖出，其尖端具有钩。它们捕到鱼以后，经常相互哄抢，很有趣。扫码看看吧！

◎ 白腿小隼归来

观鸟小课堂

越冬栖息地

　　鸟类一年四季都要寻找适宜的季节性栖息地。在冬季，它们需要得到充足的食物，调整身体的代谢状态，因此鸟类越冬栖息地的保护是非常重要的。

　　江西婺源凭借其地貌特征、自然景观与农耕环境等，吸引了众多的鸟类前来越冬。其中有不少珍稀鸟种，如白鹇、中华秋沙鸭、鸳鸯、白腿小隼等。珍稀鸟种对环境往往十分挑剔，需要的条件往往也非常特别。

　　婺源正是满足了这些珍稀鸟种的环境要求，才把这些国宝级物种留下，也可见婺源作为鸟类越冬栖息地的重要价值。

红腿小隼

丛林小猎手——红腿小隼

一说到空中猎手，大家很容易联想到那些高大威武的猛禽，像金雕、黑耳鸢、鹗等。它们往往有一对利爪、用于撕扯猎物的弯钩喙、一双炯炯有神的大眼睛。其实，在猛禽家族中，还有一批个头不大的成员，比如红腿小隼。

红腿小隼有多大呢？19～20厘米长，比麻雀略大，却是名副其实的猛禽。

小型鸟类、蛙、蜥蜴和昆虫，是红腿小隼主要食物。它们在空中上下翻飞，追捕各种昆虫和小型鸟类，有时也会站在开阔地区的树上，仔细观察地面动物的活动，发现目标后立即出击。

◎红腿小隼捕食归来

在繁育季节，树洞是红腿小隼的栖身之所。每天清晨，成鸟会率先来到洞外，捕捉蜻蜓、蝴蝶，甚至是一些小鸟，然后将食物带回洞内喂雏鸟。雌鸟和雄鸟共同担负起育儿的责任，如果其中一只外出寻找食物，另外一只则会留在洞中照顾雏鸟。

红腿小隼属于当地的留鸟。在盈江县一年四季都可以拍到。在我们通常的认知中，很多鸟儿的幼鸟和成鸟差异性很大，一眼就能识别出来。然而，让人感到神奇的是，红腿小隼却完全不是这样。它的成鸟和幼鸟几乎一致，很难辨识，只有仔细观察才会发现细微的差异。幼鸟的前额、眉纹、脸和颈翎或多或少缀有棕色，再者，幼鸟的胸部为白色，上体和翅上覆羽有淡棕色羽缘。所以，当它们一家站在树间，你很难看出谁是家长，谁是孩子。

◎红腿小隼栖止处

萌态百出的红腿小隼

红腿小隼停栖的时候萌态可爱，飞起来像树叶在风中飘，像蝴蝶在花中舞。个头远大于红腿小隼的凤头树燕也在红腿小隼的食谱里，惊不惊讶？扫码看看视频吧！

◎ 红腿小隼准备捕食

◎ 红腿小隼小憩

观鸟小课堂

猛禽家族

　　全世界有5种小隼，我国有2种，白腿小隼和红腿小隼。因为小而奇特，因为少而珍稀。人们往往把体形大，凶猛的鸟看成猛禽。其实不然，按照比较新的分类系统，猛禽包括鹰形目美洲鹫科、鹗科、鹰科、鹭鹰科，隼形目隼科，鸮形目鸱鸮科、草鸮科的所有鸟种。它们的体形大、中、小都有，食性也多种多样。猛禽处在食物链的顶端，对稳定和维持生态系统的平衡起到十分重要的作用，我们一定要保护好它们。

黑冠鹃隼捕食归来

鸟中小丑——黑冠鹃隼

黑冠鹃隼成鸟体长约 33 厘米,体重却只有 178 ~ 217 克。它最显著的特征，是头顶具有长而垂直竖立的蓝黑色冠羽。它们相貌滑稽，仿佛马戏团里的小丑。它们的孩子却通体雪白，搭配着黑黑的小眼球，看起来十分可爱，倒像是雪鸮的后代。

大家千万不要被它们呆萌的外表所迷惑。黑冠鹃隼是一种中小型猛禽，只吃肉。

这是一棵高大的杨树，一个盘状的鸟巢就修筑在上面，

◎黑冠鹃隼

◎黑冠鹃隼雏鸟张嘴乞食

黑冠鹃隼一家居住在这里。在大部分时间里，夫妻俩总有一只会留在孩子们身边，为它们遮风避雨、驱赶其他不怀好意的鸟儿。另一只则飞往附近的山林寻找食物。黑冠鹃隼的"婴儿餐"大多是昆虫及幼虫，很少有蜥蜴、蟾蜍这样的"大餐"。原因是在阴天，"冷血"动物很少出来，它们需要阳光补充热量。于是，黑冠鹃隼夫妇只能给孩子们寻找一些小的"开胃点心"。

下午，雨过天晴，小家伙们开始吃大餐了。这一对夫妇不停地往巢中运送食物。雏鸟一个个伸着小脖子，相互拥挤，张着嘴巴，等待爸爸妈妈来喂食。成鸟会将蜥蜴撕成小块，一个一个地喂，场面看起来十分温馨。

黑冠鹃隼是捕捉蜥蜴的高手，一个下午它们很忙碌，不知抓了多少条。雏鸟们吃得很惬意，一个个甜睡过去。它们的母亲就站在巢边，不敢有一丝懈怠！

一睹为快

黑冠鹃隼的繁殖策略

黑冠鹃隼夫妇分工明确、配合默契，细心照料每一个宝宝。黑冠鹃隼养育后代的方式很特殊，下一个蛋就开始孵，过几天再下一个蛋。因此，小鸟的破壳日期不一样，这样的繁殖策略有什么好处呢？扫码观看视频，寻找答案吧！

◎ 黑冠鹃隼捕食归来

◎ 黑冠鹃隼衔枝

◎ 侦察中的黑冠鹃隼

观鸟小课堂

异步孵化

　　黑冠鹃隼的名字中有个隼字，但它不属隼类，而是鹰类的一个鸟种。在鸟类学的书籍中，常能看到"窝卵数"一词，它表示的是某种鸟在繁殖期每窝产卵的总数，窝卵数因种而异。许多鸟类都是将卵全部产完，达到满窝卵数才开始孵化，属了同步孵化。鹰形目和鹃形目的一些鸟种不是这样，产下第一枚卵就开始孵化，间隔一日或数日，再陆续产卵，并在同一巢中孵化，属于异步孵化。同步孵化的雏鸟个体大小一致，因为它们的胚胎发育同步，且在相同的日子破壳而出。异步孵化的雏鸟大小悬殊，"老大"已经出壳多日，"老小"却还在卵中进行着胚胎发育。目前这方面的研究还不够深入，许多问题还没有揭示答案，但我们确信，两种孵化策略都具有积极的生物学意义。

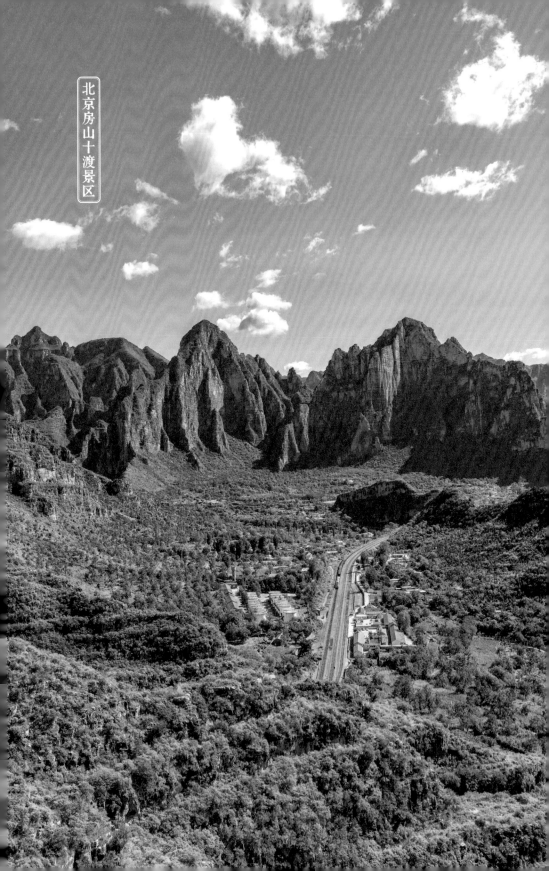

北京房山十渡景区

十渡鸟儿的集体生活

　　北京市房山区的十渡景区是一处旅游胜地。这里山水极佳，有北京小漓江之美誉。十渡景区的山峰为发育成熟的喀斯特地貌。冬季草木退去，让许多鸟儿暴露了行踪。它们在拒马河和陡峭山峰间徘徊，构成一幅绝美的画卷！

　　红隼，拥有这座崖壁的暂住证。它的羽色高度融入环境，远看和崖壁毫无区别。它自己也总期望着，哪个视力不佳的倒霉蛋，能够撞在自己的枪口上。不过，严酷的事实告诉它，在这里讨生活的鸟都很狡猾，红先生要想把暂住证换成山崖绿卡，还需要百倍努力。

◎红隼捕食

◎黑鹳

◎白鹡鸰

◎红尾水鸲

◎白顶溪鸲

这里还有一群拥有山崖绿卡的长期居民——岩鸽。它们居高而栖，找一些与自己羽色接近的山石栖身。它们身子肉乎乎的，是红隼、大鵟垂涎的美食。

黑鹳是这山崖上的舞者。黑鹳其实并不是纯黑色，身上的黑色羽毛还显现着绿色和蓝色、紫色和粉色的金属光泽。嘴和腿脚是红色的，眼眶也是红色的，十分优雅漂亮。它们每天早晚来到河里觅食鱼虾，然后回到山崖上休息。

黑鹳很喜欢在山崖上晒暖，黑鹳先生身材魁梧，红隼望而却步，不过大鵟不这么想，总是跃跃欲试，想和体形比自己大的黑鹳较量一番。

有些水鸟也喜欢来山崖串门，像白鹡鸰、红尾水鸲、白顶溪鸲等，它们把自己装扮成山间的舞者，翻飞跳跃。

白鹡鸰是一位"偷渡者"，来到十渡景区谋生活。这里物产丰饶，看起来可以衣食无忧了。但是小胖警官红尾水鸲不这么想，它不喜欢这些白鹡鸰牛哄哄的样子，于是对它们过度执法。

小胖警官很为自己傲人的身材而自豪，经常扇动着自己的大尾巴，警告那些不法者。不过，过度执法终于让它的

◎红翅旋壁雀觅食

上司白警官忍无可忍，取消了它山崖执勤的资格。

白警官全称白顶溪鸲，有人说，它们也是从外地调来从事治安工作的，对山崖地区的情况还不太熟悉。有一天，它在巡逻时遇见了小翠，有点发蒙：这是谁家的媳妇儿，这么漂亮。

这些崖壁上的舞者有自己的生存之道。远处有一只红隼，一直盯着山崖上的红翅旋壁雀，准备把它当成自己的午餐。可红隼根本不是红翅旋壁雀的对手，几番较量之后败下阵来，不再与之为难。红翅旋壁雀的取胜之道，就是速度。天下武功，唯快不破，正是这个道理。

在这山上山下，如果你留意，会发现许多有趣的事情。毕竟，冬季"粮食"短缺，大家为了争抢食物，总会发生一些摩擦。红尾水鸲和白顶溪鸲、黑鹳和苍鹭、褐河乌和冠鱼狗，对决时时处处都在上演。当然，这些不是生死较量。如果一只大鵟来到喜鹊的领地，喜鹊会群起而攻之。即使是位于食物链顶层的大鸟，也无可奈何，只能落荒而逃。

◎褐河乌

◎黑鹳小憩

十渡之冬

北京十渡景区的拒马河常年不结冰，河水也很少被污染，吸引着许多鸟儿冬季在这里安家落户。其中最出名的是黑鹳，它是我国最濒危的鸟种之一。十渡景区特殊的喀斯特地貌，让这些黑色的珍奇大鸟留在了这里。扫码观看视频吧！

崖壁舞者

隆冬之际，北京十渡景区冷峻的山崖之间，热闹非凡，许多鸟儿在此越冬，包括红翅旋壁雀、白顶溪鸲等，另外还有一些留鸟，比如红尾水鸲、白鹡鸰、褐河乌等。留鸟和迁徙鸟之间，会发生怎样的趣事呢？快来扫码观看吧！

冬季十渡的明星鸟

红翅旋壁雀在石壁或土壁上攀爬自如，觅食嬉戏，并不停地有节奏地微张双翅，闪露出翅上红色的羽毛，远远看去，像一只落在石壁上的大蝴蝶，所以老乡称其为"蝴蝶鸟"。这种小鸟在这里过得并不轻松，一只红隼总在附近树枝上盯着它。最终的结果是怎样的呢？扫码观看吧！

十渡冬季里的蓝白组合

红尾水鸲和白顶溪鸲生活在浅滩河水之间，以水生昆虫为食。红尾水鸲长得胖乎乎的，全身暗蓝色，却活泼好动、身手敏捷；白顶溪鸲身长要比红尾水鸲长一点，和红尾水鸲一样，总爱摆动、张开自己的大尾巴！扫码观看视频吧！

拒马河之殇

近年来，由于十渡景区旅游业发展迅猛，造成了许多环境问题，让在这里生活的小鸟们面临着极大的生存挑战。请扫码观看我们对环保志愿者蔡丰永的采访实录。

观鸟小课堂

观鸟在冬季

一年四季都有观鸟的主题，即便是在北方寒冷的冬天。因为，观鸟不仅要分辨鸟种，还要观察鸟的行为和鸟的生态，这是走进鸟类世界的必经之路。观鸟人把濒危鸟种、难见的鸟种、形态和行为有特色的鸟种称为"明星鸟种"。其实明星也罢，非明星也罢，都有存在的价值，都是自然环境中不可或缺的成员。

冬季在十渡景区，观鸟人能看到各种鸟类如何面对冰天雪地，如何躲避凛冽的寒风，如何获得各自所需的食物，如何有效应对天敌的袭击，如何冬泳和洗浴，如何晒暖和做春天婚配繁殖的准备……冬季的十渡景区是一个水陆空的自然大舞台，众多鸟类的表演为我们演绎着许多生态学的原理，让我们身临其境地去理解鸟类与环境的紧密关系，鸟类对栖息地的选择性和依赖性，鸟类及其相关物种的种内和种间协调与竞争的关系等。

寿带

摇曳长尾的寿带

　　大家有没有这样的体验？发现某种鸟比较容易，但想找到它们的鸟巢比较难。这是因为鸟儿会把"育儿室"安在一处人类难以发现的地方，以确保雏鸟和自己的安全。如果在修筑鸟巢的过程中有人"偷窥"，它们会义无反顾地弃巢而去，重新选址，寿带就是这样。

　　杭州西溪湿地公园，水连水，岛环岛，鸥鹭翔集，许多游客在此流连忘返。美丽的寿带也是这样。它们每年春天都会来到西溪湿地，圈地占区，寻找佳丽，修筑爱巢，抚育后代。它们时而匿身密林之下，时而鸣叫于春涧之上，时而鼓翅于河溪之间，长尾摇曳，羽色华美，极为赏心悦目，不禁让人联想到侠女、剑客。

◎ 杭州西溪湿地公园

◎寿带雄鸟（栗色型）　　　　◎寿带雄鸟（白色型）孵化

　　寿带的育雏过程十分有趣。它们的繁殖期在每年的5—7月，常在阔叶林中靠近溪流的小阔叶树枝杈上筑巢，也在林下幼树枝杈上营巢。营巢由雌雄鸟共同承担，每个巢5～6天即可营造完成，巢呈深杯状。

　　寿带成年鸟穿梭于密林之间，捕捉各种飞行的昆虫，包括蝴蝶、蛾、胡蜂等，动作迅猛快捷，时而伴随着高亢洪亮的叫声。寿带在空中捕食优雅悦目，摇曳的尾羽成为它飞行的助力器，转弯翻身，滑翔悬停，很多昆虫都成为这种美丽小鸟的嘴下亡魂。

　　古人把寿带视为一种吉祥鸟，寓意着美丽长寿。在民间传说中，寿带比一般小鸟寿命长，按照科学记录，寿带野外平均寿命可达12～13年。

寿带"居家"

　　这一对寿带并不同色，是误入家门了吗？白色型和栗色型雄性寿带，是两个不同的色型，还是同一种寿带不同时期羽色变化了呢？它们以什么为食？一般产卵多少？在育雏期，寿带夫妇如何分工？扫码观看视频，你将一一得到答案。

◎寿带栖息

◎寿带雄鸟（栗色型）

◎寿带雄鸟（白色型）育雏

观鸟小课堂

两个版本的《梁山伯与祝英台》

　　民间传说《梁山伯与祝英台》有两个不同的版本，一个是蝴蝶版，另一个则是寿带版。丝带凤蝶的成虫是雌雄异色的美丽蝶种，雌蝶两对翅褐黑色，有皮黄色的斑点，雄蝶翅膀都是白色的，其上有深色的点状斑。雌、雄蝶的后翅都有尾状突，尤以雄蝶为长。而寿带往往雌雄异色，雌鸟除黑色的头部外，全身栗红色，尾羽中长，雄鸟除黑色的头部外，全身白色，尾羽甚长，中央两根尾羽长达躯体的四五倍，形似绶带。有趣的是，人们把梁山伯与祝英台这段凄美故事主人的化身分别给了两种非常漂亮的动物。丝带凤蝶和寿带虽然相差甚远，但我们从中筛选出两者的共有特征：雌雄异形异色，都有翅膀，都能飘然飞翔，身后都拖着长长的"尾巴"。看来，古人创作神话故事，也是十分讲究的。

环颈雉

花容仙客——雉鸡

在鸟类世界里，哪些类型的雄鸟最漂亮？答案只有一个，雉科鸟类！在我国，雉科鸟分布广泛，森林、平原、高原、山地、草原、湿地都有它们的身影，只是数量稀少。中国是雉科鸟种类最丰富的国家，像白冠长尾雉、红腹锦鸡、褐马鸡等二十多种，其中不少是中国的特有种，堪称雉鸡（对所有野生鸡类物种的统称）王国。想拍到这些珍禽，难度实在不小。首先，除了环颈雉以外，其他雉科鸟大部分处于濒危状态，在野外难得一见；其次，它们普遍比较怕人，会隐藏在深山老林，只有在觅食、喝水的时候才会走出森林。我们在记录它们的生活时，手段极其有限。往往林间发生的一切，包括占区、求偶、育雏、打斗，我们是看不到的，也无法记录。所以，对它们的一些生活细节知之甚少。

◎白冠长尾雉雄鸟　　◎褐马鸡雄鸟

◎红原鸡雄鸟   ◎黑琴鸡雄鸟

红原鸡是家鸡的野生祖先，个体大小似农家散养的家鸡。雄鸟上体具金属光泽的金黄、橙黄或橙红色，并具褐色羽干纹，是一种亚热带森林鸟类。中国云南南部是其主要栖息地，为国家二级保护动物。

黑琴鸡与红原鸡正好相反，主要栖息于北温带及寒带地区。体形适中，成群活动，适应严寒。雄鸟全身体羽为黑色，头、颈、喉、下背具蓝绿色金属光泽。主要以植物嫩枝、叶、根、种子等为食，兼食昆虫。分布于欧亚大陆北部以及中国黑龙江、新疆等地。

◎灰孔雀雉雄鸟

◎红腹锦鸡雄鸟谨慎行走

　　灰孔雀雉看上去没有孔雀漂亮，羽色比较暗淡，但依旧威武雄健。雄鸟体长50～67厘米，全身羽毛黑褐色，密布几乎纯白色的细点和横斑；上背、翅膀和尾羽端部具紫色或翠绿色金属光泽的绚丽的眼状斑。

　　红腹锦鸡，又名金鸡，中型鸡类，体长59～110厘米。雄鸟羽色华丽，头具金黄色丝状羽冠，全身羽毛颜色互相衬托，赤橙黄绿青蓝紫俱全，光彩夺目，是驰名中外的观赏鸟类。

◎红腹锦鸡雄鸟

　　一般来讲，下山觅食由雌鸟和幼鸟先行，确认安全以后，雄鸟才会雄赳赳、气昂昂地走出来。这可能是因为雄鸟羽色艳丽，容易遭到天敌的伤害。让羽色低调的雌鸟探路，成为大多数雉科鸟的共同特点。

一睹为快

雉鸡的秘密

　　鸡、鹌鹑、孔雀都属于鸡形目鸟。本视频为大家介绍6种雉鸡。环颈雉，就是我们平时俗称的"野鸡"；白冠长尾雉，中国特有珍禽，体形优雅、羽色艳丽；黑琴鸡，鼻孔和脚均被羽，很有意思；红腹锦鸡，号称中国最美丽的鸟，有"鸟中凤凰"之称；灰孔雀雉，顾名思义，跟孔雀有些相像……扫码观看视频，了解大自然的造物神工吧！

◎灰孔雀雉雄鸟

◎白颈长尾雉雄鸟

观鸟小课堂

鹑类和雉类

很早以前，我国东北地区流行着这么一个顺口溜——"棒打狍子瓢舀鱼，野鸡飞到饭锅里"，反映出东北地区的富饶和动物资源的丰富。用木棒可以打到狍子，用瓢可以舀到鱼，野鸡不用抓，直接飞进饭锅里。这里提到的野鸡，名叫环颈雉，是分布最为广泛的一种雉鸡。

如今，许多种类的雉鸡都在减少，不少雉鸡成了濒危物种，这一现象值得关注。从动物地理的角度和分布区来看，中国是世界上鹑类和雉类最丰富的国家。它们之所以能成为我们国家分布种数最多的鸟类，一方面是它们的起源中心在中国境内，另一方面是它们往往不具有迁徙的习性，分布区相当稳定，扩散性低。真所谓是"故土难离"。我国拥有众多的特有珍稀濒危鸟类，许多人以此为傲，也更多了一份挽救和保护它们的责任。如果濒危鸟类消失，或者更多的鸟类变成了濒危鸟类，我们的"金山银山"将不复存在。

209

灰背燕尾在溪流边觅食

溪上歌者——灰背燕尾

　　冬季的福州山中，云雾缭绕，山涧溪流终日不断。当你沿着溪水河滩向前行走时，会有一种黑灰白色相间的鸟，忽然出现在你的面前。

　　它摆动着自己的长尾巴，有时还会像青蛙一样向前跳跃。当你驻足而观，想要看清楚时，它忽然抖动翅膀，并发出清脆的叫声，沿着溪流，疾驰而去。这种鸟儿就是灰背燕尾。

　　灰背燕尾体长约 23 厘米，雌雄成鸟大体同色，与其他燕尾的区别就是头顶及背部是灰色的。灰背燕尾尾羽很长，

◎灰背燕尾在树上停歇

◎白额燕尾

呈深叉状。它的嘴又直又粗壮，并且有发达的嘴须，仔细看来，就像长着胡子一样。它的嘴须的根部，有敏感的神经末梢。捕食昆虫时，用嘴须感知嘴边的猎物。

每过 100 多米，你就会发现一只或两只灰背燕尾，看样子它们有各自的活动区域。偶有过界者，相互之间会大打出手，竖起羽毛，翘起尾羽恐吓对方，使之知难而退。

后来，我们在云南拍摄到了白额燕尾，在浙江发现了小燕尾，它们的种群远没有灰背燕尾大。白额燕尾体形大于灰背燕尾；小燕尾比白额燕尾、灰背燕尾小得多，但它们的生活环境差不多，在山涧溪流与河谷沿岸栖息活动，尤其喜欢水流湍急、水中多石的林间溪流。

一睹为快

认识灰背燕尾

全球燕尾属鸟有 7 种，除了栗枕燕尾和姬燕尾外，其他 5 种燕尾属鸟在我国都有分布，它们是小燕尾、斑背燕尾、黑背燕尾、白额燕尾和灰背燕尾。扫码观看视频，认识这些可爱的鸟吧！

◎ 小燕尾戏水

◎ 灰背燕尾在岩石上休息

◎ 小燕尾栖息

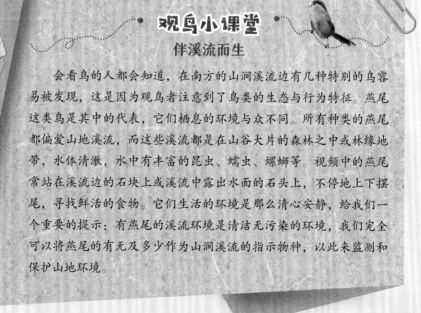

观鸟小课堂

伴溪流而生

　　会看鸟的人都会知道，在南方的山涧溪流边有几种特别的鸟容易被发现，这是因为观鸟者注意到了鸟类的生态与行为特征。燕尾这类鸟是其中的代表，它们栖息的环境与众不同。所有种类的燕尾都偏爱山地溪流，而这些溪流都是在山谷大片的森林之中或林缘地带，水体清澈，水中有丰富的昆虫、蠕虫、螺蛳等。视频中的燕尾常站在溪流边的石块上或溪流中露出水面的石头上，不停地上下摆尾，寻找鲜活的食物。它们生活的环境是那么清心安静，给我们一个重要的提示：有燕尾的溪流环境是清洁无污染的环境，我们完全可以将燕尾的有无及多少作为山涧溪流的指示物种，以此来监测和保护山地环境。

黄
腹
山
雀

模范夫妻——黄腹山雀

　　黄腹山雀是一种可爱的林鸟，雄鸟腹部为黄色，故称"黄腹山雀"。雄鸟头部及喉部、胸部是黑色，头侧具大型白斑，枕部有一白色沾黄的块斑。而雌鸟额部、头顶、眼先和背是灰绿色，喉部、两颊及耳羽是白色，下体淡黄沾绿色。黄腹山雀体形较小，身长 10 ~ 11 厘米，且没有大山雀和绿背山雀胸腹部的黑色纵纹，十分好辨认。

　　这种小鸟只生活在我国，是山雀科的一种，喜欢集群活动。它们活泼可爱、爱蹦爱跳、叽叽喳喳，只要你看上它一眼，就会喜欢上它们。

◎黄腹山雀雄鸟在侦察

◎ 黄腹山雀雄鸟取食

　　黄腹山雀之所以成为我国的特有物种，是因为它们虽然迁徙，但繁殖地、越冬地和旅居地都在我国境内。近年来，也发现部分黄腹山雀不迁徙，常年在一个地区生活，北京就有全年留居的个体。它们属于山地森林鸟类，主要栖息于海拔 500 ～ 2000 米的山地，或于高大的针叶树和阔叶树上穿梭，或于灌丛间跳跃、觅食，有时候也与大山雀混群。夏季主要以昆虫为食，冬季主要以植物性食物为食。近年来人们发现，黄腹山雀也经常活动于低海拔地带。

　　黄腹山雀在繁殖期总是"夫妻"双栖双飞，可以说是山雀中的模范夫妻、爱情鸟。

一睹为快

巧辨雌雄黄腹山雀

　　黄腹山雀是我国山雀家族中非常耐看的一种。它的雌雄鸟差异明显，容易辨认。雄鸟头戴一顶小黑帽，还戴着一个白色耳麦。赶紧扫码认识一下吧！

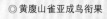
◎黄腹山雀亚成鸟衔果

◎黄腹山雀雄鸟寻觅食物

观鸟小课堂
黄腹山雀与鼠洞

　　山雀科的鸟类都会把自己的巢筑在洞穴里，如树洞、石洞等，啄木鸟的旧洞更是山雀喜爱的巢址。山雀选的洞穴并不是它们的巢，只是一个隐蔽的空间，在这样的空间里用巢材建造的结构才是山雀的巢。它们选好巢址后，会叼着苔藓、细草茎、兽毛、鸟羽等柔软的巢材在洞穴里建造一个舒适的碗状巢，然后在巢中产卵孵化。为年幼的森林增加更多的人造洞穴，进而吸引更多的食虫鸟筑巢繁殖，是一种生态保护策略。

　　40年来，我们在北京山地悬挂了不少人工巢箱，发现大山雀、沼泽山雀、褐头山雀、煤山雀在缺少天然树洞的情况下，都优先选择人工巢箱筑巢。奇怪的是，唯独不见黄腹山雀光顾。经多年的深入观察，发现黄腹山雀更喜爱地面的洞穴，尤其喜欢旧鼠洞。它们钻进旧鼠洞，找到宽敞的地方筑巢。黄腹山雀应该感谢老鼠在它们的繁殖季到来之前，就为它们准备好了安全、隐蔽、凉爽的筑巢空间。

赤腹鹰守护着雏鸟

笑面杀手——赤腹鹰

  在很多人的印象中，老鹰拥有一双强健的利爪，一个带着弯钩的喙，在空中盘旋，能够捕捉体形比自己大的猎物，是一种恐怖、可怕的大鸟！

  然而，赤腹鹰给人的感觉却不是这样。赤腹鹰，顾名思义，它的腹部是赤红色的，因外形像鸽子，身材不高、长相挺萌、眼神挺温和，也叫鸽子鹰。

  赤腹鹰主要在地面上捕食，食谱比较丰富，爱吃蜻蜓、知了、蛇、蜥蜴、小鸟等。它们常站在树顶端往下看，见到有猎物活动则突然冲下去。

◎赤腹鹰捕食

◎赤腹鹰栖息于林间

◎赤腹鹰雏鸟嗷嗷待哺

赤腹鹰是猛禽，但雏鸟可一点都不猛，倒是有点"萌"。别被它们的外形蒙蔽了，它们是实实在在的肉食动物，青蛙、蜥蜴等高蛋白食物是赤腹鹰雏鸟的最爱。

赤腹鹰雏鸟如果想要多吃几口，会不停地张着嘴乞食，并不停地变换位置，把其他雏鸟挤到一边，让亲鸟记不清它到底吃了几口。这就是雏鸟的生存法则。猛禽雏鸟出壳时间并不一致，个头大小也不一样，先出生的占有一定优势。一般来讲，个头大的会欺负个头小的，而父母也偏爱身体强壮的幼鸟。在食物短缺的情况下，亲鸟会优先喂养身体强壮的雏鸟，以保证能有后代存活下来。

赤腹鹰的巢，看起来修建得不错，很牢固。但在父母外出捕猎时，雏鸟不停地在巢里移动，还是让人很担心，生怕哪个孩子不小心跌落下来，这样的情形在猛禽育雏过程中时常发生。

赤腹鹰如何养育后代？

扫码观看这段视频，你将看到赤腹鹰雏鸟抢食的画面。我们人类一天吃 3 顿饭，赤腹鹰一天吃多少顿呢？几十顿？它们非常喜欢大晴天，为什么呢？

观鸟小课堂

何为鹰?

　　说到老鹰,似乎人们都认识,都知道。但鹰在科学的分类上是有所指的。我国的鹰,从广义上讲有56种之多,分属2科26属。从狭义上讲,我国在鹰形目鹰科鹰属里仅有7种。赤腹鹰就是鹰属里的一个种。

　　"老鹰捉小鸡"的鹰是鸢属中的黑鸢;"鹞子翻身"的鹰是鹰属里雌性的雀鹰;"兔子老了鹰难拿"的鹰是鹰属里雌性的苍鹰;"草原雄鹰展翅"的鹰是雕属里的金雕、草原雕,鹫属里的大鵟和兀鹫属里的兀鹫等。鹰形目鸟类体量差别很大,最小的日本松雀鹰重75克,体长仅25厘米;最大的高山兀鹫重12千克,体长可达150厘米。总体上看,鹰形目鸟类都是捕食性的猛禽,能够捕捉超过自身体重的猎物。其中,金雕的捕猎能力为鹰类世界之最。

221

森林篇

仙八色鸫

鸟类乐园——董寨

清晨，一缕阳光洒在幽深的密林之中，远近回响着猫头鹰的叫声，声音甚是哀怨，它们或许为这夏日里昼长夜短的日子感到烦恼。因为，白天的到来，意味着孩子们又要饿肚子了！

不过，对其他鸟儿来讲，太阳公公的到来恰逢其时，孩子们已经饿了一宿！

一只蓝绿色小鸟蹦蹦跳跳地出现在密林深处，它挺着小肚子，瞪着圆眼，口中衔着蚯蚓，来到一堆树枝前。它仰首挺胸，站在一块布满苔藓的石头上，警惕地注视着四周，好像生怕别人发现了它们的秘密。不一会儿，另一只蓝绿色小鸟也出现了，并来到它的身边，这是一对夫妇。它们之间进行短暂的眼神交流，然后由一只先钻进树枝中，另一只在外边站岗。

哇！这里有它们的一对可爱的小宝宝，张着小嘴，在等待爸爸妈妈的食物。这种小鸟个头不大，却稀有，名字叫作仙八色鸫。每年来到我国境内繁育的种群数量不普遍。全球数量不超过 10000 只，在这里可以一睹它们的风采，真是三生有幸。

◎仙八色鸫起飞

◎仙八色鸫站枝

◎仙八色鸫观察四周

这里是河南信阳董寨国家级自然保护区，仙八色鸫在我国的夏日繁殖地。

董寨国家级自然保护区地处豫鄂两省交会之地，位于淮河南岸，大别山北麓，总面积 4.68 万公顷，区内分布有 237 种鸟类，其中有国家重点保护鸟类 39 种，被誉为"鸟类乐园"。

这里山峦连绵、水道纵横，有国家一级保护野生动物朱鹮、白冠长尾雉；有号称中国最美丽的小鸟蓝喉蜂虎；有被称为鸟中营养专家的蓝翡翠等。

◎白冠长尾雉

◎蓝喉蜂虎

◎蓝翡翠

◎朱鹮

◎白冠长尾雉雄鸟巡视领地

清晨，在田垄相望之间，人们可以看到一群朱鹮在树杈间"开晨会"；傍晚，在山下密林之中，白冠长尾雉带着自己的妻妾"打群架"；溪流间，蓝喉蜂虎在忙着抚育雏鸟；大雨中，蓝翡翠家中孩子们在闹着内讧。这就是董寨地区夏日的风景。

山深不知处，但闻鸟语声。一路走来，只见高鸟飞山林，鸦影匿于树。可爱的红角鸮、领鸺鹠，静静地站在树枝间；忙碌的短脚鹎、发冠卷尾，警鸣于高林之上，警惕并好奇地望着我们，好像是在责怪我们打扰了它们的清梦。

◎发冠卷尾

227

◎ 蓝喉蜂虎捕食归来

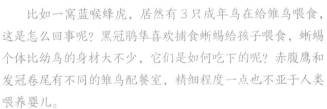

养育鸟宝宝，方法大不同

　　旅游时有导游，观鸟有时也要请导游——鸟导。在面积巨大的董寨，没有鸟导，那可真是寸步难行。夏季，董寨是鸟儿的育婴之所。白冠长尾雉、仙八色鸫、寿带、蓝翡翠等明星鸟都将现身在董寨，人们能观察到很多有趣的育雏故事。

　　比如一窝蓝喉蜂虎，居然有3只成年鸟在给雏鸟喂食，这是怎么回事呢？黑冠鹃隼喜欢捕食蜥蜴给孩子喂食，蜥蜴个体比幼鸟的身材大不少，它们是如何吃下的呢？赤腹鹰和发冠卷尾有不同的雏鸟配餐室，精细程度一点也不亚于人类喂养婴儿。

　　扫码看看吧！

◎ 仙八色鸫

◎ 黑冠鹃隼

◎ 红角鸮

观鸟小课堂

雏鸟晚成

　　在董寨，蓝翡翠、蓝喉蜂虎、仙八色鸫、黑冠鹃隼都在忙忙碌碌、辛勤地养育它们的孩子。岂不知这几种鸟类的雏鸟，在生长发育方面有着共同的特点：雏鸟破壳而出后都不能离巢生活，而是要在巢中滞留一段时间，靠亲鸟的体温和亲鸟按发育日龄提供的不同食物，在相对隐蔽且安全的巢中完成十几天或更长时间（因种而异）的雏期发育，之后在亲鸟的呼唤和保护下离巢生活。

　　生物学上将鸟类发育的这种类型称为"雏鸟晚成"，也就是说，经历在巢中靠亲鸟照顾、饲喂完成雏期生长发育的雏鸟都属于晚成雏。晚成雏是鸟类进化史中，最为高等的发育类型，它们更容易存活下来。

白眉姫鶲

人来鸟不惊的白眉姬鹟

　　一对白眉姬鹟夫妇，春日里来到了美丽的杭州西溪。它们并不是来游山玩水的，而是肩负着重要的使命——繁育后代。

　　白眉姬鹟夫妻选择啄木鸟留下的一处树洞，开始"繁育大业"。首先，它们要确保"育婴室"有足够的高度，以防水蛇爬上去吞食鸟卵，这种悲剧曾在小鹛鹛孵卵时出现过；其次，附近要有足够的食物，比如各种昆虫，雏鸟长身体需要补充大量蛋白质；三是树洞位置足够隐蔽，避免猛禽、松鼠及人类活动的干扰。

◎白眉姬鹟育雏

◎水蛇吞食鸟蛋　　　　　　　　　◎松鼠觊觎鸟巢

白眉姬鹟雌雄鸟羽色差异很大，一眼就能辨别出来。通常情况下，雌鸟的颜值很一般，雄鸟却很漂亮。白眉姬鹟的雌雄鸟也是如此。

白眉姬鹟雄鸟在孵卵、育雏早期，主要任务就是站岗放哨，守护鸟巢。有时在雌鸟歇息期间，也会出去觅食。雏鸟日龄增长，食量会变得越来越大，单靠雌鸟一己之力，已经不能满足雏鸟日益增长的"口粮"需求了，雄鸟也得加入喂食的行列。

白眉姬鹟的育雏故事

白眉姬鹟是我国一种常见的林鸟，它小小的个子，却非常能飞。雄鸟和雌鸟长相不同，在育雏过程中有着不同的分工。

13天艰辛的育雏期终于有惊无险地过去了，雏鸟们该出巢了。正赶上梅雨天，雏鸟们会不会像蹒跚学步的小孩一样有些害怕呢？白眉姬鹟夫妇采用了怎样的方式鼓励孩子们勇敢地迈出这一步呢？

扫描二维码，看看杭州西溪这对白眉姬鹟夫妻的育雏故事吧！

◎白眉姬鹟雄鸟

◎白眉姬鹟雌鸟守护鸟巢

◎白眉姬鹟雄鸟站岗

观鸟小课堂

树洞之巢

在树洞里繁殖的鸟种有许多，让我们来比较一下白眉姬鹟和大斑啄木鸟的洞巢修筑和使用情况。

白眉姬鹟嘴扁宽，不会在树干上凿洞。到了繁殖期，它们在树林里寻找树洞，如啄木鸟废弃的树洞或树干上自然形成的树洞，在树洞里用草茎、枯叶、细根等材料做一个碗状的巢，用以产卵和孵化。而大斑啄木鸟每年繁殖时，都要选择合适的大树，在树干上啄出一个崭新的洞穴，把凿出的木屑铺垫在洞中。繁殖完，它们会遗弃旧洞巢，来年再修建新的洞巢。这样，就给那些不会啄洞，又要在树洞里繁殖的鸟类，如姬鹟、山雀、红角鸮等提供了基础条件，真是各得其所。

灰脸鵟鹰

灰脸鵟鹰的隐秘生活

　　灰脸鵟鹰的俗名叫灰面鹫，是一种中型猛禽。过去广泛分布于东亚各地，由于人类在它们迁徙时期的围捕，如今它们的种群数量大为减少，在我国较为罕见。

　　猛禽给人们的印象是，处于食物链的顶端，以猎杀其他小动物为生，在自然界中是一位强者，来去自如、衣食无忧。事实并非如此，尤其是在育雏期间，它们也会遭到其他鸟儿的侵扰，雏鸟间也有生存之争，还会面临自然灾害等。

◎灰脸鵟鹰育雏

◎ 灰脸鵟鹰遭松鸦攻击

◎ 灰脸鵟鹰吃蜥蜴大餐

大别山西南麓与桐柏山南麓交会处的一片低矮丘陵地带，生活着两家灰脸鵟鹰，我们给它们取名"鵟鹰七一"和"鵟鹰七四"。一家居所很安全，另一家却很危险，连孩子都可能跌落致死。灰脸鵟鹰的传统繁殖地本来不在这里，它们只是在迁徙的途中，发现此处是生存的乐土，便留下来娶妻生子，养育后代……

灰脸鵟鹰数量减少的另一个原因，就是雏鸟之间的生存竞争。这也是中大型猛禽家庭共同存在的一种现象，优胜劣汰，适者生存，只有最强壮的雏鸟才会存活下来，这也意味着一对灰脸鵟鹰夫妇通常一年只能成功繁育一只幼鸟。

小型蛇类、蛙、蜥蜴，甚至松鼠和小鸟等，都是灰脸鵟鹰的猎物。它们一般栖息于阔叶林、针阔叶混交林、针叶林等山林地带。

别看"鵟鹰七四"夫妇是猛禽，可它们一直被身边的松鸦所困扰，驱离干仗，相互争斗，居然时常落下风，真是有辱它们鸟类霸主的名声！

一睹为快

灰脸鵟鹰邻里之间

"鵟鹰七一"和"鵟鹰七四"，这两家灰脸鵟鹰选择的巢址不同，导致孩子的成长经历也不尽相同。"鵟鹰七四"一家很不幸，只剩下一个孩子。它们的邻居发冠卷尾一家、松鸦一家，还频频对它们发起挑战。扫码看看它们的故事吧！

◎ 灰脸鵟鹰鸣叫示警

◎ 灰脸鵟鹰躲避驱赶者

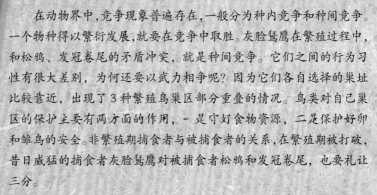

观鸟小课堂
竞争关系

  在动物界中,竞争现象普遍存在,一般分为种内竞争和种间竞争。一个物种得以繁衍发展,就要在竞争中取胜。灰脸鵟鹰在繁殖过程中,和松鸦、发冠卷尾的矛盾冲突,就是种间竞争。它们之间的行为习性有很大差别,为何还要以武力相争呢?因为它们各自选择的巢址比较靠近,出现了3种繁殖鸟巢区部分重叠的情况。鸟类对自己巢区的保护主要有两方面的作用,一是守好食物资源,二是保护好卵和雏鸟的安全。非繁殖期捕食者与被捕食者的关系,在繁殖期被打破,昔日威猛的捕食者灰脸鵟鹰对被捕食者松鸦和发冠卷尾,也要礼让三分。

  "鵟鹰七一"家只成活了一只雏鸟,可能是因为亲鸟年轻,没有足够的育雏经验;也可能是巢区内没有足够的食物,不能同时养活两只雏鸟;还可能是两只雏鸟的体质差别较大,弱小者被自然淘汰。

白冠长尾雉

山林中的舞者——白冠长尾雉

在我国河南省董寨自然保护区，每天傍晚，会有一些漂亮的大鸟来到罗山脚下翩翩起舞。它们时而舞翅，时而漫步，时而摆尾，时而跳跃，舞姿曼妙，非常好看。这就是白冠长尾雉，我国特有的物种，国家一级保护野生动物，也是中国的一种濒危雉科鸟。

每到冬季，白冠长尾雉雄鸟会换上一身华装，拖着长长的尾羽，雄赳赳、气昂昂地从山林里走出，身后跟随着妻子和孩子。

◎白冠长尾雉"大王"和"小王"

◎白冠长尾雉雄鸟群

　　白冠长尾雉十分怕人，通常只有傍晚时分才会下山。在一群白冠长尾雉中，往往只有一只雄鸟，却有几位妻子，我们且叫它"白冠大王"。而在董寨自然保护区，生活着一个拥有20多位成员的庞大家族，首领竟然是两只雄鸟。它俩亦步亦趋、前后相随，时而相伴起舞、时而低头觅食，节奏统一，步调一致，让我们十分诧异。听当地的鸟导说，这种现象并不奇怪，许多地方都存在这种两只以上雄鸟的群体。它们可能是一奶同胞，也可能是志趣相投的兄弟，共同守卫着自己的领地和妻子儿女。

　　白冠长尾雉雄鸟有着极高的表演欲望，不像那些雌鸟，来到此地只顾着低头吃食。舞翅、漫步、抖尾、飞舞，待巡回几圈之后，白冠长尾雉雄鸟才会安心进食。

　　雄鸟对雌鸟并不温柔，经常用自己的长长尾羽横扫千军，把雌鸟赶出"贵宾餐厅"。一顿饱餐以后，它俩才会意兴阑珊离开这里。随后，雌鸟们一拥而上，捡拾雄鸟的残羹剩饭。

白冠长尾雉的集体生活

　　白冠大王的妻子们先到"餐厅"试吃，确认没有危险后，大王才会前来"用餐"，并且是独享大餐。餐后，会有一场"选美秀"。有的群体中也会出现两只雄鸟，它们是"大王"和"小王"的关系吗？扫码看看吧！

◎白冠长尾雉雌鸟

◎白冠长尾雉雄鸟秀尾羽

◎白冠长尾雉雄鸟在求偶炫耀

观鸟小课堂

侧面炫耀

  在雉鸡家族中，往往雄鸟要比雌鸟漂亮许多，因为它们在繁殖过程中扮演着不同的角色，有着不同的分工。白冠长尾雉雄鸟不仅有出众的长尾羽，还全身披满华丽的羽毛。进入繁殖期，雄鸟一边漫步行走，一边将身体的一侧充分地展现在雌鸟面前。这种求偶炫耀的舞蹈按照一定的节奏频频出现。一边以身体的侧面对着雌鸟，压低靠近雌鸟一侧的翅膀，蓬松羽毛，将体背和另一侧的肩膀抬高，整个身体纵轴连同尾羽向雌鸟方向极力旋转，使身体上更多的彩色羽毛展现给雌鸟观看，样子十分滑稽。这正是雉鸡家族中典型的侧炫耀行为。当求偶炫耀发展到一定程度时，雄鸟就可以与雌鸟交配。而角雉、虹雉、孔雀的雄鸟求偶炫耀则是正面对着雌鸟进行交配前的表演，属于正面炫耀。

241

绣眼鸟

山樱花与“采花大盗”

福州森林公园的山樱花，是在腊月盛开的。山樱花花色粉红，蜜汁美味，是许多吸食花蜜的鸟儿的最爱。这些鸟儿一般羽色非常鲜艳。它们的鸟喙和舌头很奇特，喙长，舌头成管状，方便吸食花蜜。只是山樱花的花冠开口向下，不易取食。于是，鸟儿们各显神通，森林公园里上演了一出出山樱花与“采花大盗”的精彩故事！

橙腹叶鹎是这里的霸主。它们身高体长，站在树枝上，转动身体就可以获取花蜜。吃饱以后，它们还不愿意离开，驱赶其他体形小些的鸟儿，将整个花木据为己有。

◎ 橙腹叶鹎警告对手

◎绣眼鸟

绣眼鸟就有意思了，它们嘴小、舌头短，身体像个小圆球，只有做各种高难动作才可以吃到花蜜。它们不单打独斗，而是结群而来，集团作战，让橙腹叶鹎无可奈何。

叉尾太阳鸟优势最大，身体轻巧、动作迅捷、喙弯而长。只是这里的橙腹叶鹎太霸道，不让它们靠近山樱花。叉尾太阳鸟只得在橙腹叶鹎打盹休息的时候，采取偷袭的方法，悬停取蜜。

人们一直以为，只有太阳鸟科与太平鸟科的鸟儿才会贪食花蜜。其实不然，这里经常出现绿翅短脚鹎和栗背短脚鹎的身影，而且还是结群而来。这下就热闹了，橙腹叶鹎为了守住阵地，开始驱离这些不速之客，双方你来我往，争斗不息。太阳鸟们一见有机可乘，立刻钻进花丛，使出浑身解数，大快朵颐，各种高难动作，让人眼花缭乱。

一睹为快

在山樱花上争食的鸟儿

正月里北方地区天寒地冻，闽南山中却是百花盛开。与这种山樱花结下姻缘的有橙腹叶鹎、长尾缝叶莺、绣眼鸟、绿翅短脚鹎、叉尾太阳鸟等。

每只橙腹叶鹎雄鸟会以一株山樱花为领地，驱赶其他鸟儿，被人们戏称为"山大王"。橙腹叶鹎的真正对手，却是比它小不少的叉尾太阳鸟。

叉尾太阳鸟是我国最小的鸟种之一，体长约9厘米，头戴一顶绿色小帽，身着一款橄榄黄马甲，外加一袭橄榄色披风，系着一方赭红色围嘴，戴着一副黑色"防霾口罩"。

鸟儿之间、鸟儿与山樱花之间发生了很多有趣的故事，扫码看看吧！

◎ 叉尾太阳鸟悬停取蜜

◎ 绿翅短脚鹎

观鸟小课堂
山樱花的造访者

　　一棵美丽的山樱花树吸引多种鸟儿造访。热爱自然的人留意山樱花树上出现何种鸟类，而研究者更关注不同鸟种对山樱花的依赖性。山樱花与许多鸟类都有着互惠的合作关系。野生山樱花生活在海拔500～1500米的山谷中，可长成3～8米高的大型乔木，山樱花具有很高的观赏性，在我国、日本及朝鲜都有分布。

　　不同地区的山樱花，来访的鸟类不一样。本篇的视频中记录的是福州森林公园的故事，而黑龙江地区却不会是这番景象，不会见到橙腹叶鹎和叉尾太阳鸟。随着纬度的变化，和山樱花互惠的鸟种会出现替代现象。因此，研究一种植物和其他物种的关系，一定要关注地理特征。

发冠卷尾

发冠卷尾的宝宝厨房

　　别误会，鸟儿的宝宝厨房是不生火的，它们只是对捕来的猎物进行简单处理和加工的场所。育雏期间，许多亲鸟都存在这种行为。

　　在我国南北方的密林之中，每年的仲春季节，都会飞来一种美丽的黑色鸟，远看像小乌鸦，叫声粗厉多变、嘈杂喧闹，这就是发冠卷尾。

　　发冠卷尾的巢呈浅杯状或盘状，常吊挂在高大阔叶树的水平枝的分叉处。巢一旦筑好，发冠卷尾就会以巢为"中心"建立一个小小的王国。这片区域就是发冠卷尾的巢区。巢并

◎发冠卷尾夫妻守候在鸟巢附近

◎发冠卷尾夫妇育雏

不一定在巢区的正中间，但它是巢区主人的关注中心。巢区有明确的范围及边缘，虽然人们难以看清，可巢区主人心中有数。

5—7月是发冠卷尾筑巢育雏的时期。我非常幸运，记录下一对发冠卷尾夫妇育雏过程的片段。这处发冠卷尾的巢位非常高（一般来讲，发冠卷尾营巢于高大的乔木之上），前面有浓密的树叶。这时雏鸟已经出壳了，小两口儿非常忙碌，捕食、分食、修巢、护雏，一系列动作让人眼花缭乱。这对夫妇会在附近找一根枯树枝，作为处理猎物的厨房。不管是甲虫、知了、蜻蜓、蝴蝶、蝗虫等，都要先在这里做一些简单的处理——敲碎猎物坚硬外壳、摘除多余部分、摔软肢解，然后再带回去喂孩子，以便雏鸟可以轻松吞食和消化。

夫妻之间配合默契，工作起来有条不紊。大部分时候，一方去捕食，另一方在这里守候。南方多雨，它们还经常趴在雏鸟上面，为它们保持体温，这很有必要。有时候，小两口儿也会一同回巢，一方收拾"房间"，另一方准备大餐，画面十分温馨。

 一睹为快

发冠卷尾的育雏故事

你知道在中国的不同地区，哪个季节能看到发冠卷尾吗？发冠卷尾筑巢时是由雄鸟单独完成还是夫妻共同完成的呢？它们是肉食、素食还是杂食性鸟类呢？发冠卷尾夫妇如何为孩子制作餐食的呢？扫码观看视频，寻找答案吧！

◎发冠卷尾幼鸟离巢后聚集

◎发冠卷尾小憩

观鸟小课堂
筑巢与护巢

　　无论是在发冠卷尾的产卵期、孵化期，还是育雏期，巢区内的发冠卷尾双亲每天都认真地观察着周围环境的变化，尤其注意巢区内的动静，不允许其他发冠卷尾进入。若有来犯者，发冠卷尾先是鸣叫示警，若来犯者不趋避，便直接飞过去，将其驱离自己的巢区。有意思的是，入侵者好像自知理亏，在被驱赶时会离开。因为在筑巢之前，发冠卷尾雄鸟们在划分巢区领地时开展过激烈的竞争性"谈判"，主权归属早已明确。捕食性动物或人进入发冠卷尾的巢区，也是如此。它们会认为是天敌入侵，危险即将降临，大声示警，并驱赶这些入侵者。当人走到巢的下方时，发冠卷尾会像小轰炸机一样，俯冲威胁。若人要爬上这棵树，往往会被疾速飞来的发冠卷尾用它们的翅膀扇嘴巴。

　　发冠卷尾的护巢行为显示出它们的勇敢，此行为的生物学意义是有效地保卫了各自的巢及巢区（食物等资源），使巢中的宝宝能够安全发育、成长，提高了种群的孵化成功率和育雏成功率。

仙八色鸫

山中仙子——仙八色鸫

　　走进灵山董寨茂密的山林，仿佛来到了仙人居住的地方。这林密山深之处，居住着数位仙客，它们个头不大，身披八色羽毛，气宇轩昂，举手投足之间散发着一股令人心醉的仙气，这就是仙八色鸫。仙八色鸫匿身于深山老林之中，很少有人见到。

　　在董寨一片葱郁的树林中，清晨的阳光洒在布满苔藓的石头上，给人带来一丝暖意，仙八色鸫喜欢这样的生境。这里有一对夫妻，在抚育一双儿女。它们在林下草丛中，以喙掘土，觅食蚯蚓、蜈蚣及鳞翅目幼虫。小小的嘴里总是叼着食物，模样有些滑稽。

◎仙八色鸫亲鸟收集食物

◎仙八色鸫育雏

　　回巢之前，夫妻通常一前一后，观察巢穴四周的情况；有时，它们也会分头行动，按照先后顺序。如果夫妻一方在巢中喂雏，另一方就会在外面的树枝上等候。当它们行进到布满苔藓的石头上，预示着很快就要入巢喂食了，这是一个激动人心的时刻。听到外边父母的呼唤，雏鸟们张开大嘴，全身抖颤，期待着美食入口的那一瞬间！

　　在我国繁育的仙八色鸫，属于夏候鸟。入秋以后，它们会带着孩子们离开这里，前往加里曼丹岛的婆罗洲去越冬，来年春天再回来。

 一睹为快

仙八色鸫的趣味生活

　　造物主为仙八色鸫量身调制出了色彩斑斓的 8 种羽色。它们的球状巢常建在靠近地面的枯树枝及落叶层中，很容易遭到攻击。当然，它们也有一定的谋略来避免被攻击，只是不见得每次都奏效。赶紧观赏下这两位仙客吧！

◎ 仙八色鸫觅食

◎ 蓝翅八色鸫

观鸟小课堂

易危物种八色鸫

  我国分布有8种八色鸫，它们是双辫八色鸫、蓝枕八色鸫、蓝背八色鸫、栗头八色鸫、蓝八色鸫、绿胸八色鸫、仙八色鸫、蓝翅八色鸫，都是国家二级保护野生动物。

  八色鸫为何成了易危鸟类呢？原因是多方面的，除了物种本身适应环境的能力之外，众多的环境因素限制着它们的繁衍发展。人们根据环境因素对某物种影响程度的大小依次排序。其中，影响最大、起决定性作用的因素，在生态学中称为"限制因子"。

  八色鸫是典型的森林鸟类，它们赖以生存的栖息地是温带、亚热带的自然山地森林，林下要有灌木层和草被，地面要有大量的树枝和落叶。枝叶及土壤中藏有丰富的昆虫、蚯蚓、软体动物等。这些林地的丧失是对八色鸫最为致命的打击。我们今天认识到了这一点，应该为这些森林鸟类做些什么呢？

253

蓝喉蜂虎

中国最美小鸟——蓝喉蜂虎

知道中国最美小鸟是谁吗？答案是蓝喉蜂虎。当然，还有它的近亲，栗头蜂虎、栗喉蜂虎、蓝须夜蜂虎、黄喉蜂虎及绿喉蜂虎等，蜂虎鸟就是颜值最高的鸟类家族！

蓝喉蜂虎头顶至上背呈栗红色或巧克力色，过眼线是黑色的，腰部和尾羽蓝色，翼蓝绿色，它的中央尾羽延长成针状，嘴细长而尖、黑色，微向下曲，颏部、喉部为蓝色。

5—7月是蓝喉蜂虎的繁育期，它们多营巢于沙地之中，流河之旁。蓝喉蜂虎聚集的地方，要多沙地，这是它们筑巢

◎蓝喉蜂虎夫妻捕食归来

◎蓝喉蜂虎频繁飞捕昆虫

的必要条件，一般要紧靠近河边或湖塘有一定坡度的沙地。它们细而尖的嘴，是挖洞的利器。蓝喉蜂虎的洞穴，笔直微微向上，并且是十字形的，这样可以抵御雨水倒灌，或是外敌入侵。

每天清晨是父母最忙碌的时候，饿了一宿的孩子们需要及时补充能量。蓝喉蜂虎的食物主要是蜂类、蝶类和蜻蜓类昆虫。繁殖前期以蜂类居多，繁殖后期以蜻蜓类居多。

喜欢拍鸟观鸟的人，一定热切盼望着一睹蜂虎鸟的真容。然而，蜂虎鸟似乎总是神神秘秘，躲躲闪闪，不愿轻易示人。在我国，黄喉蜂虎仅出没于新疆地区；想找到绿喉蜂虎和栗喉蜂虎，就只能跑到云南去；而若想与蓝喉蜂虎亲密接触，不妨到信阳董寨的大山之中，去寻觅它们的芳踪。

蓝喉蜂虎的捕食技巧

扫描二维码观看视频，你不仅能欣赏美丽的小鸟，还能欣赏清晨笼罩着薄雾的绝美荷塘，看到蜻蜓、蝴蝶的美丽身影。有意思的是，我们发现有一雄两雌的蓝喉蜂虎居然在喂养同一窝雏鸟，它们高空捕食的独门绝技令人拍案叫绝……

◎蓝喉蜂虎捕食

◎蓝喉蜂虎聚集

观鸟小课堂

飞捕昆虫

　　鸟类形态学上的特征往往与它们的身体功能相关。飞捕昆虫的鸟类通常长有扁阔的嘴，口裂很大，嘴边有发达的口须。雨燕、家燕、鹟类都具有此类特征。它们张开大嘴，在口须的协助下，将空中正在飞行的小型昆虫吞入口中。蓝喉蜂虎也飞捕昆虫，但它们的嘴是尖长下弯的，嘴边也没有发达的口须。这是怎么回事呢？

　　蓝喉蜂虎喜欢捕捉胡蜂、蝴蝶、蜻蜓等中大型昆虫，捕食方式不同于雨燕等鸟类，它们不是靠长时间在空中飞行徘徊捕虫，而是静立在干树枝或电线上，发现猎物后，借灵巧快速的飞行技巧，用尖尖的嘴，稳、准、快地啄住（衔住）昆虫，然后飞回原处，再利用尖嘴在树枝上摔打、加工猎物。这种捕食方式，并不需要宽扁的嘴和发达的口须。可见，鸟类身体的样貌和结构都是在长期的系统演化过程中按照一定方向进化形成的。

橙腹叶鹎

恋花鸟——橙腹叶鹎

　　这是一种生活在热带或亚热带地区的橙绿色鸟儿；这是一种和花朵有着不解之缘的恋花鸟；这是一种十分霸道、不解风情的战斗鸟，名字叫作橙腹叶鹎。

　　橙腹叶鹎身长在 20 厘米以上，与太阳鸟、绣眼鸟比起来，是十足的大块头。我们初到福州山中观鸟时，第一眼看到的鸟就是橙腹叶鹎。橙腹叶鹎有一个绝技，它可以模仿各种各样小鸟的叫声，当你在花林下行走时，会误以为有很多种鸟喧闹于枝头。

◎ 橙腹叶鹎雌鸟

◎ 橙腹叶鹎雄鸟注视前方

◎ 橙腹叶鹎雌鸟观察四周

橙腹叶鹎主要吃昆虫，尤其是在夏秋之际。它们带弯钩的喙提示着你，它们还有另一种功能——吸食花蜜。弯钩喙配以管状长舌，让它们在与太阳鸟竞争时，丝毫不落下风。它们喜欢甜食，偏爱山樱花和龙牙花，一旦拥有，别无他求，就是不让其他的鸟儿染指。

打闹争斗是它们每天生活的常态。橙腹叶鹎很好辨认，它们体形相当。雌鸟的颜色比较单一，身体多为绿色，腹部为黄绿色，杂以少许蓝色。雄鸟的色彩更加丰富，比雌鸟漂亮得多。它腹部的橙黄色为典型特征。

一睹为快

在中国生活的3种叶鹎科鸟

　　全球有叶鹎科鸟 11 种，我国拥有其中 3 种。橙腹叶鹎是我国最常见、分布最广泛的叶鹎科鸟，多见于南方。除了橙腹叶鹎以外，在我国的云南省还生活着两种叶鹎科鸟——金额叶鹎和蓝翅叶鹎，扫描二维码一起来看看吧！

◎蓝翅叶鹎

◎金额叶鹎在寻找食物

观鸟小课堂

动物地理界

　　中国幅员辽阔，人们常将其划分为南方和北方。在动物地理学里，根据古动物学的研究和现今动物的分布情况，也进行了专业的分区划分，即动物地理界。全世界有六大动物地理界（澳洲界、新热带界、埃塞俄比亚界、东洋界、古北界、新北界），我国处在东洋界和古北界的范围之中，这两大区系的分界线西起横断山脉北端，经过川北岷山与陕南的秦岭，向东达于淮河一线。研究人员发现，动物在各动物地理区里的差别往往是科类的差别，在我国鸟类的分布中，也有较为明确的呈现。如凤头雨燕科、八色鸫科、阔嘴鸟科、叶鹎科、太阳鸟科等主要分布在东洋界内，古北界内的代表则是鹤科、鸦科、鹂科、百灵科、岩鹨科、莺科、鸫科等。为什么北方地区见不到橙腹叶鹎和太阳鸟？因为你没有到它们的分布地去。当然有些类群虽然在多个动物地理界中都能出现，但首要是看其繁殖地的分布范围。中国地跨两个动物地理带（少有国家如此），所以动物种类非常丰富，对生物多样性的保护就显得格外重要。

红胁蓝尾鸲

鸣唱高手——红胁蓝尾鸲

　　红胁蓝尾鸲是一种鹟科鸲属鸟类，身长只有 13 ~ 15 厘米。它们总喜欢在地上蹦来蹦去，觅食地上的虫子、果实和种子。红胁蓝尾鸲成年雌雄鸟差异明显，很好辨认。成年雄鸟上体为蓝色、白色眉纹，最大特征是橘黄色两胁，与白色腹部和臀部形成鲜明对比，尾巴为蓝色的，故称红胁蓝尾鸲。成年雌鸟上体为褐色，没有白色眉纹，雌性幼鸟上体也是褐色，上体杂以蓝色。雄性幼鸟，上体颜色与成年雌鸟一样，慢慢向成年雄鸟的体色过渡。

◎红胁蓝尾鸲雄鸟

◎红胁蓝尾鸲雌鸟

红胁蓝尾鸲是我国境内最著名的迁徙鸟之一。冬天出现在我国的南方，即为当地冬候鸟；春秋之际出现在我国中部及北方地区，即为当地旅鸟；夏季出现在我国东北地区繁衍后代，即为当地夏候鸟。每年数千千米的迁徙旅程，对这种小鸟来讲也是非常不容易的。

红胁蓝尾鸲活泼好动，鸣声悦耳。它们不太怕人，公园绿地、低矮的灌木丛，只要适合栖身，它们都会在这里活动，有时甚至会跑到人们休息的地方去捡拾吃的。它们尤其喜爱在低矮的灌木丛中游荡，属于地面捕食为主的鸟儿。所以很多时候你会发现，它们从高枝上飞下，在地上蹦蹦跳跳觅取食物。

如果你想近距离欣赏它们，就在地面或灌木丛中去寻找。如果它们飞走了也不要紧。15 ~ 20 分钟后，它们还会飞回来。

 一睹为快

聪明的红胁蓝尾鸲

红胁蓝尾鸲总是从低矮的灌木丛飞到地面，觅食地上的虫子和果实，还有种子等食物。如果食物外壳比较坚硬，它们会怎么做呢？扫描二维码，观赏这种可爱的鸟儿吧！

◎ 红胁蓝尾鸲雄鸟休息

观鸟小课堂

了不起的雄鸟

　　春天，我们在北京地区见到的红胁蓝尾鸲，雄鸟先来，雌鸟稍晚到达。尽管有时能在一片林地里同时见到，但总体说，雌鸟到达繁殖地的时间比雄鸟晚一周。这是因为雄鸟到达繁殖地后要率先完成占区和划分领地的任务。雄鸟用歌声和驱逐行为，分别占据一块不大不小的区域，等待雌鸟到达后再"谈婚论嫁"。表面上，占区雄鸟之间互不相让、激烈竞争，其实雄鸟们勇敢承担了一项工作，为红胁蓝尾鸲整个繁殖种群，在新的一年中有序、合理分配资源，完成婚配、产卵、孵化、育雏等神圣使命的先期铺垫工作，最大限度减少和避免进入繁殖状态后产生的种内竞争，让所有的成鸟把主要精力放在养育后代上。这就是红胁蓝尾鸲种群繁殖生态学的神秘之处。

265

红耳鹎

自带腮红的红耳鹎

　　我国南方的朋友，如果你喜欢在公园林间散步慢跑，会时常听见喧闹的鸟鸣声，清脆响亮，连续不断。这种鸟儿十有八九是鹎科鸟，最常见的就是红耳鹎。

　　红耳鹎为小型鸟类，体长17～21厘米。额至头顶黑色，头顶有耸立的黑色羽冠，眼下后方有一鲜红色斑，其下又有一白斑，外周围以黑色，在头部甚为醒目。上体褐色。尾黑褐色，外侧尾羽具白色端斑。下体白色尾下覆羽红色。颧纹黑色，胸侧有黑褐色横带。

　　红耳鹎长相俏皮，一点也不懂得低调。它头顶高高的发髻，抹着"腮红"，戴着"白色耳麦"，一副搞怪的样子，让你不得不喜欢。"红耳鹎"这名字听起来有些太斯文，有些地方叫它高髻冠、黑头公，倒是挺形象。

◎红耳鹎

◎ 黄臀鹎

◎ 黑喉红臀鹎

◎ 黑冠黄鹎

更让人惊奇的是，你还会看见红耳鹎的许多兄弟，比如黄臀鹎、黑喉红臀鹎、黑冠黄鹎、白颊鹎等。它们像红耳鹎一样地调皮捣蛋，喜欢高声喧哗，喜欢欺负别的小鸟，喜欢在花木间踩踏。

在广州植物园的玉兰园，我遇见过几只黄臀鹎，它们的外形与红耳鹎无异，只是臀部是黄色的，而红耳鹎的臀部是红色的。这几个小家伙喜欢专门叼玉兰花瓣，兄弟几个轮流上，好像比赛谁能搞破坏一样。不一会儿的工夫，就把一棵玉兰树上的花瓣毁去大半，让人目瞪口呆。

一睹为快

红耳鹎家族

红耳鹎是南方常见留鸟，不过在果农眼里，它们毁誉参半。有时果树刚刚结果，就被它们吃掉了。除了红耳鹎，南方还生活着它们的一些近亲，如黑喉红臀鹎、白喉红臀鹎、黄臀鹎等。扫码看看视频吧！

◎红耳鹎在互动

◎红耳鹎小憩

观鸟小课堂
为什么说鹎科鸟类是造林大军？

　　所有鹎科鸟类都可称为"食果鸟类"，因为它们全年的食谱里，植物的果实占有足够的比例。虽然鹎科鸟类也捕食昆虫、草籽等其他食物，但总体而言，植物的果实是觅食重点。不同种类的鹎科鸟类，选择的果实因地、因时而异，甚至许多果实我们都不曾见过。也有一些鹎科鸟类的食性没有研究记录。

　　针对鹎科鸟类的食性研究，还有许多空白有待我们去观察、发现。毋庸置疑，在亚热带的森林中，鹎科鸟类群落是不可缺少的。因为它们种类、数量繁多，大量吞噬各种果实，不能被消化的种子随着粪便散布到四面八方，为众多的植物播种。不得不说，鹎科鸟类是名副其实的造林大军。

269

三宝鸟

穿着"小红鞋"的三宝鸟

三宝鸟，长相可爱，头大而宽阔，头顶扁平，脖子比较短，尾巴也不太长，小嘴抹得通红，脚呈红色，远看似穿着一双小红鞋，一副愣头愣脑的样子。三宝鸟头到脖子是黑褐色的，身上的羽毛是暗铜绿色，杂以鲜亮的蓝色。总之，三宝鸟的羽毛不是全黑色的，可别把它们和乌鸦混为一谈。

天热时，三宝鸟总爱张着嘴。这是因为鸟儿不像人类拥有汗腺，可以靠出汗降温，它们只能靠张嘴呼吸散热降温。

三宝鸟也喜欢梳理羽毛，这样可以让羽色更加漂亮，还不会滋生寄生虫。还有一个小秘密，三宝鸟将尾脂腺的油脂涂抹在羽毛上，可以防止体温忽高忽低，尤其是在下雨或者太阳直晒的时候。

◎三宝鸟

三宝鸟爱吃金龟子、小甲虫、蝗虫、天牛等农业害虫，不过三宝鸟最爱吃的是知了。

北京地区不是三宝鸟的"势力范围"。2017年春天，圆明园方壶胜境景区却来了两只三宝鸟。可能是初来乍到，也可能是鸟生地不熟，这里的灰喜鹊、杜鹃、红隼，都很不喜欢它们俩。小规模的"战役"持续了一周左右，包括红隼这样的猛禽都出手了，也没能奈何得了这两只三宝鸟。

◎灰喜鹊

◎四声杜鹃

◎三宝鸟捕食归来

　　两只三宝鸟一边谈情说爱，增进感情；一边大战喜鹊、灰喜鹊和杜鹃，每天都是精彩纷呈的战斗场面。三宝鸟不愿意自己修筑巢穴，喜欢住"二手房"，尤其是喜鹊的巢。一周之内，它们至少"看房"五六次，搞得灰喜鹊们不得安生，也让四声杜鹃很生气。因为，四声杜鹃的寄生目标，是灰喜鹊的窝，如果三宝鸟"鸠占鹊巢"，霸占了灰喜鹊的窝，四声杜鹃就没地方寄生产蛋了。

　　利益所致，灰喜鹊和四声杜鹃这一对冤家，此刻竟然联起手，共同对付三宝鸟。毕竟，敌人的敌人就是朋友，鸟儿们也有自己的谋略。不过灰喜鹊和四声杜鹃都误解了三宝鸟，三宝鸟是要找到有顶盖的喜鹊旧巢或是洞穴巢，并没有兴趣理会灰喜鹊开放型的碗状巢。

◎三宝鸟捕食

一睹为快

三宝鸟的秘密

2017 年春季，一对三宝鸟夫妇来到北京圆明园，在这里产蛋、育雏。为什么这种鸟叫三宝鸟呢？难道还有大宝、二宝？

这对三宝鸟夫妇，妻子即将临产，为了生儿育女，它们急需寻找一个安全的"育婴室"，它们会寻找怎样的"二手房"呢？后来又发生了哪些故事？摄制组用了 5 个月的时间，记录下它们的生活片段。请扫码观看。

274

◎三宝鸟站立枝头

◎三宝鸟展翅

观鸟小课堂
三宝鸟如何选择合适的巢穴？

三宝鸟在繁殖时，不会自己建造巢，而是寻找适合的洞穴，完成产卵、孵化、育雏的任务。三宝鸟选择洞穴是有标准的，一是要距离地面有一定的高度，二是洞穴要足够大。它们在不同的地区选中的繁殖用洞穴是多样的，可以选高大树木高处的天然树洞，可以选大型啄木鸟使用过的旧洞，还可以选完整的旧喜鹊巢。喜鹊建造的是大型球状巢，有顶盖，侧开口，虽然透风，但基本符合洞穴条件。在缺少大树的地区，必然缺少天然树洞，也缺少啄木鸟的旧洞，而喜鹊这种善于营巢的鸟分布很普遍，且有一定的数量，三宝鸟容易寻找到旧喜鹊巢。

有报道，三宝鸟有时也会将少量的苔藓等柔软的材料带进洞穴，在巢中做些铺垫，以求提升洞巢的使用功能。近年来，福建省观鸟协会在明溪县用木段模仿啄木鸟凿出人工洞穴，悬挂到一棵枯树上，成功引来一对三宝鸟进驻繁殖，这是招引食虫益鸟的成功案例。

草原篇

草原上的白枕鹤

去草原追鸟

克什克腾旗，位于大兴安岭与阴山山脉接合处。夏季，这里的草原一派生机勃勃的景象，是许多北迁鸟儿的繁育场地。

蓑羽鹤、白枕鹤、赤颈䴙䴘、黑颈䴙䴘、黄鹡鸰、黑翅长脚鹬等。它们带着自己的孩子，四处觅食，躲避天上的猛禽、地上的猎食者，还有人类畜养的牛羊……

◎ 黄鹡鸰为雏鸟准备早餐

入秋以后，景致更为壮观，大批的鹤群开始集结，准备南迁。当年新出生的幼鹤，羽翼渐丰，开始随着父母练习飞翔、编队和跟随。许多猛禽蹲在山崖上、落在树枝间，等候着猎物的出现，草原雕、黑耳鸢、大鵟是这里的主宰者。草原鼠开始为过冬做准备，经常出来觅食，极易遭到天上的猛禽及地上狐狸的攻击。生机勃勃的草原上每天都上演着相爱相杀的情景剧。

蓑羽鹤夫妇带着两个孩子在清晨的草地中觅食。然而，草原上充满了危机，各种掠食者时刻都在觊觎这些"小鲜肉"。它们小心翼翼，警惕注视着四周。慈爱的妈妈，每隔一段时间，就会把孩子藏在自己的羽翼之下，一是为了给孩子们取暖；二是躲避天上的猛禽。

◎晨曦时分的蓑羽鹤

◎赤颈䴙䴘一家

◎黑颈䴙䴘喂食

在一片不大的水域，生活着黑颈䴙䴘和赤颈䴙䴘。成年赤颈䴙䴘带着孩子在水中来回游弋，时而潜水，时而上浮。这时它们会把捕到的鱼虾喂给孩子，同时向孩子传授生存的本领。它们总是警惕地注视着四周围，生怕孩子有什么意外。有一只黑颈䴙䴘小家伙，自己游一会儿之后，嚷嚷着累，拼命往妈妈背上爬，而妈妈使劲儿转动身体，不想让孩子偷懒。这画面像极了蹒跚学步的娃娃走几步就往妈妈怀里扑，嘴里喊着"妈妈抱"……

山崖上蹲着一只大鸟，这是草原上的霸主——草原雕。鼠类、小鸟甚至狐狸，都是它的猎取目标！

◎草原雕起飞

大家看，这一双长腿（腿和脚）很漂亮吧！它是草原湿地上的舞蹈家，取食游戏的时候会翩翩起舞，姿态优雅潇洒，是这里著名的夏候鸟。秋天来临，它们会飞到我国的南方，甚至东南亚去越冬，名字叫作黑翅长脚鹬。

◎黑翅长脚鹬漫步

一睹为快

危机四伏的夏季草原

夏季的草原，热闹喧嚣，同时也危机四伏。来到这里的鸟儿们要想在几个月后全身而退，造化、智慧、勇气，三者缺一不可。扫码看看蓑羽鹤父母与孩子，还有几家黑颈鹛鹛和赤颈鹛鹛的故事吧！

草原上鸟儿的纷争与日常

黑翅长脚鹬是这里最惹眼的明星，步履优雅，气度不凡。有一只黄鹡鸰叼着食物归来，孩子却不见了。一只红隼的出现，会让别的鸟儿四下逃窜。有一些厉害的家伙经常会掳走别人家的孩子当早餐。草原上的生活就是这样，今天一家子其乐融融，明天就可能家破身亡。扫码看看视频吧！

准备过冬啦

草原雕、大鵟是草原的亲兵护卫。它们的存在能够有效防止啮齿类动物过度繁殖，从而让大草原生机勃勃，良性发展。草原雕属于大型猛禽，站在高崖之上，有一种雄踞天下、睥睨四邻的气派。大鵟也很厉害，体形只比草原雕小一些，它们经常把其他鸟儿当成自己的盘中餐。扫码看看视频吧！

◎ 大鵟在空中巡视

◎ 草原雕小憩

◎ 黑耳鸢聚集

观鸟小课堂
食物链与食物网

　　在生态学中，我们将捕食者和被捕食者的关系称为"食物链"关系，说的就是捕食者和被捕食者构成了不可缺少的吃和被吃的关系。草原上发生的故事，只是食物链的片段。其实，这条链很长且很复杂，植物、低等无脊椎动物、蜘蛛、昆虫、鱼类、蛙类、蜥蜴、鸟类及哺乳类等，它们之间的吃和被吃的关系不只是单一的链条关系，而是多条链构成"食物网"。捕食者和被捕食者在食物网中发挥着重要的作用，以此控制了物种之间的种群消长和数量比例。这就是生态平衡的关键所在。如果食物网或某个食物链中出现了断裂，生态将失去平衡。认识到这一点，我们就要理性地看待自然，靠人类的智慧努力维护好当下已经非常脆弱的生态系统。

蓑羽鹤母子

蓑羽鹤之家

　　草原的清晨略带几丝寒意。这时，牧民的毡房升起袅袅炊烟，草原鼠爬出洞来寻找食物，赤颈鸊鷉带着孩子们在水中游荡，白翅浮鸥开始巡视湖面，燕隼睁开惺忪的双眼，开始外出捕猎。

　　这时，远处出现四个朦朦胧胧的身影，两大两小，慢慢走近。是蓑羽鹤夫妇带着两个孩子，来到这片草场，开始一天的进食活动。它们步履优雅，性情机敏，警惕地注视着周围的环境。

◎蓑羽鹤一家

有的蓑羽鹤不营巢，直接产卵于草甸中裸露且干燥的盐碱地上，有的营巢于水边草丛中和沼泽内。刚出壳的蓑羽鹤雏鸟，行走能力弱，绒羽较短，无法抵御草原夜晚寒冷的气候，经常会钻到母亲的羽翼下取暖。

草原上的猎食者很多，蓑羽鹤雏鸟要紧跟在父母身边左右。如果遇到巨大的威胁，雄鸟会吸引猎食者的注意力，跑到很远的地方。而小蓑羽鹤会趴在草地上一动不动，父母拼死保护孩子们，不让猎食者靠近。

小蓑羽鹤这时只能自己捡拾一些植物性的种子为食，富含蛋白质的昆虫一类的食物需要爸爸妈妈来喂。

◎ 蓑羽鹤漫步

◎ 蓑羽鹤展翅

◎ 蓑羽鹤喂食

◎蓑羽鹤幼雏跟随亲鸟觅食

　　蓑羽鹤妈妈很贴心，走一段路以后就会趴下来，让孩子们钻入自己的羽翼下取暖休息。十几天以后，小蓑羽鹤个头儿长大不少，奔跑速度也快了起来，母亲也就没有必要这样做了。这一时期，亲鸟们要教会孩子们如何捕捉动物性食物。

　　当太阳高高升起之时，远处的鹤群已经开始集结，其中就有不少当年新出生的小蓑羽鹤。它们时而振翅高飞，练习着飞翔和空中编队；时而落地寻找食物，补充能量。

夏季的草原，一派生机勃勃的景象，水草
丰茂，昆虫繁盛，是蓑羽鹤最好的育婴之所。
等到 10 月，草木枯黄，这些大鸟会纷纷南迁，
去寻找越冬之地。

◎ 蓑羽鹤南迁

蓑羽鹤之家

请扫描二维码观看视频，你将看到刚出壳的蓑羽鹤雏鸟
怎样在爸爸妈妈的呵护下长大。看到当年新出生的小蓑羽鹤
加入长辈们的编队，振翅高飞，或许你也会为夏季草原的勃
勃生机而感动。

◎蓑羽鹤育雏

观鸟小课堂

鹤中之最

　　全世界共有15种鹤,我国分布有9种。在鹤类的家族中,蓑羽鹤也占有一个"最"字,蓑羽鹤是15种鹤里最小的。它们体长不及1米,体重才2千克。蓑羽鹤是一种以灰为主要羽色的鹤,但它们的色彩搭配非常优雅协调,灰、黑、白三种颜色匹配得如此恰当,让人赏心悦目! 它们喉和前颈的羽毛极度延长成蓑状,悬垂于前胸。加上细长的三级飞羽覆盖在尾羽之上,弯垂于体后,看上去好似身披蓑衣,故得名蓑羽鹤。它们还有个不错的别名——闺秀鹤,足以见得人们对它们的欣赏。

　　蓑羽鹤在亚洲、非洲及欧洲的许多国家都有分布。在我国,主要繁殖地是新疆、宁夏、内蒙古、黑龙江、吉林等省区。越冬地则在西藏南部。可能是由于个体小等原因,蓑羽鹤只在种内集群,不和其他种类的鹤混群。

大鸨

草原上的神秘游客——大鸨

　　每到初春季节，草原地区会迎来一批神秘的游客，它们懒散而无规则地散布在草地各处。有时，它们会聚在一起相互问候,还会相互追逐打闹,搞得这里十分不安宁。有的雄鸟，会翻起自己的羽毛，迈着小碎步，一副神圣不可侵犯的样子。有些则会大打出手，互不退让，雌鸟们在一旁围观，看看谁的实力最强。这些怪异的不速之客，形态别致的大型鸟类，就是大鸨。

　　它们来到这里的目的很明确，就是寻找配偶，越多越好，然后繁育后代。雄鸟通过激烈竞争，占领地盘，驱赶对手，最终获得雌鸟青睐，拥有交配权，进而繁衍自己的后代。

◎雄性大鸨求爱

◎ 大鸨起飞

  大鸨是世界上最大的飞行鸟类之一，极耐寒冷，性情机敏，人类很难靠近。它不爱鸣叫，一年中的大部分时间集群活动，于是形成了由同性别和同年龄个体组成的群体。在同一群体中，雌鸟和雄鸟相隔一段距离。

  大鸨既吃野草，又吃甲虫、蝗虫、毛虫等，是草原的保护神。只可惜，我国大鸨的数量急剧减少。究其原因，与草原的退化和减少，密不可分。

大鸨蒙冤

  这个视频记录了大鸨春季求偶的生活，讲解了它们的婚配体系，讲述了它们名称的由来，以及它们种群的现状。如今，我国大鸨的数量急剧减少，估计只剩下 300 只左右。咱们应该做些什么呢？扫码观看视频并思考。

◎ 大鸨展翅

◎ 大鸨巡视

◎ 大鸨"翻花"

观鸟小课堂

一夫多妻与一妻多夫

在大鸨的社会里，它们实行的是一夫多妻或一妻多夫的婚配制度。交配体系为多配和混配。多配体系为一雄多雌，雌鸟可达5～7只，这些雌鸟有社会等级之分，接受交配的机会不均等。混配体系为每只雌鸟和一只以上的雄鸟交配，雌鸟与一只雄鸟交配完，会去寻找另外的雄鸟交配，为自己的后代寻求更多的雄鸟基因，混配体系在大鸨中较为常见。

从生物学角度看，无论采用哪种交配体系都应该是有利于大鸨的种族繁衍。能够观察到大鸨繁殖的人们，看到了大鸨交配的复杂行为，用人类社会的伦理评判大鸨的行为，将一些恶名赋予大鸨，其实缺少了对大鸨的理解与尊重。

白枕鹤

草原仙客——白枕鹤

　　白枕鹤是一种美丽的大鸟，在我国自古有之。它的寿命为 40 ～ 50 年，古人将它们的形象放置在庭院中，或绘制在画卷里，寓意着长寿。

　　全球有鹤类鸟 15 种，我国拥有其中的 9 种，这 9 种全部是国家重点保护野生动物。白枕鹤便是其中之一。

　　每年的夏季，草原之上，一片生机勃勃。白枕鹤等各种动物来到这里，享受着大自然的无私馈赠。草原湿地、田地海湾，是白枕鹤静谧的家园。这里有它们赖以生存的食物。素食有植物种子、草根、嫩叶、嫩芽谷粒；肉类有鱼、蛙、

◎白枕鹤伫立

◎晨曦时的白枕鹤

◎白枕鹤母子

蜥蜴、蝌蚪、虾、软体动物和昆虫。白枕鹤取食的时候，主要用他的长喙啄食，或用喙先拨开表层土壤，然后啄食埋藏在下面的种子和根茎。边走边啄食，四处张望，身姿优雅，大草原为白枕鹤提供了无尽的食源。

它们生性胆小，非常警觉，通常在啄食几次后就抬头观望四周。一有惊扰，则立刻避开或飞走。鹤类亲鸟一旦孵蛋育雏，就不离孩子左右。遇到危险，雄鸟会使调虎离山之计，以自己为诱饵，吸引猎食者，让危险远离自己的巢穴和孩子。

一睹为快

白枕鹤的忧虑

有人把白枕鹤称作"草原仙客"，因为它们的外形与丹顶鹤极为相似，在大草原湿地的映衬下十分美丽。身躯较大的白枕鹤，却时常担惊受怕。让我们扫码观看视频，了解一下！

◎白枕鹤展翅

◎白枕鹤伫立

观鸟小课堂

鹤雏的早成性

　　我们把刚孵化就能睁开双眼，跟随亲鸟离巢行走活动的雏鸟称为"早成雏"。鹤类、天鹅、大雁、鸳鸯、雉鸡、白枕鹤等鸟类的雏鸟都是早成雏。

　　白枕鹤雏鸟身着雏绒羽，不停地发出细微的叫声，随时向父母报告自己的位置，以求关怀与照顾。白枕鹤亲鸟对刚破壳出生的孩子关怀备至。白天，亲鸟带领雏鹤在草地上寻找昆虫和小动物，用嘴啄来啄去，捕到的猎物叼起放下，放下叼起，吸引雏鹤啄食。这种觅食的教学训练很有成效。随着日龄的增长，雏鸟逐渐学会自己寻找食物，并主动进食。夜晚，草原温度急降，白枕鹤亲鸟会将自己的孩子拢到翅下或身旁，用体温给雏鹤保温。

灰鹤

生存大师——灰鹤

　　每到冬季，燕山山脉会披上一层银装。许多的鸟儿纷纷南迁，但也有一些鸟儿，如大天鹅、赤麻鸭、鹊鸭、文须雀等纷至沓来。其中最引人注目的，要数盘桓于田地间的灰鹤们。燕山脚下，官厅水库旁，一排排灰鹤的身影给寂寞的冬季带来一片生机。

　　灰鹤是大型涉禽，体长100～120厘米，颈部、腿脚都很长，全身羽毛大都灰色，头顶有一小块裸出，皮肤鲜红色，眼后至颈部侧有一灰白色纵带，脚是黑色的。

◎灰鹤涉水

◎灰鹤迁徙

灰鹤喜欢集群活动，抱群取暖，却不愿意分享食物。取食之时，灰鹤尽量不让身边同伴发现，遇有心怀叵测者，会立即转移食场。

白天，灰鹤在田地里悠闲地觅食；晚上，它们在水边过夜。一部分灰鹤把燕山作为南迁至越冬地的一处中转站，还有一部分不打算继续南迁了。毕竟，只要食物充足，不遇到极寒天气，这里就是它们最好的越冬之地。灰鹤们对糟糕的天气已经习以为常。这一片看似贫瘠的土地，好像有它们取之不尽的食物。田里遗留的玉米、花生、豆类、麦苗种子、草根等，都是灰鹤冬季的合口食物。

傍晚时，鹤鸣从远处传来。在这里，你总是先听到鹤声，才能见到鹤影。一大群灰鹤高飞盘旋，变换着队形，加入者越来越多，队伍越来越庞大，它们在寻找过夜的落脚点。

不久，天空开始飘落雪花，与远处青蓝色的山体相融，构成了一幅寒山鹤影图。

灰鹤冬韵

说起鹤，你可能最先想到的是白色的仙鹤。其实，在我国更为常见的是灰鹤。有意思的是，一群灰鹤活动时，常有一只灰鹤承担警戒职责，它是如何向大家报警的呢？扫码看看视频吧！

◎一群灰鹤起飞

观鸟小课堂
给鸟儿的冬日关怀

对于许多鸟类来说，冬季最困难的不是天寒地冻，而是食物短缺。随着鹤类自然栖息地的减少，冬季鹤类在许多国家都钟爱农民的庄稼地。因为在农田里可以找到掉落的玉米、稻谷等作物的果实。

近些年，随着北京郊区的经济发展，许多种植玉米的农田已不再耕作。原来越冬的灰鹤群找不到足够的食物，就迁到河北等种植玉米的地区。人们发现了这一现象，为在北京越冬的灰鹤献计献策。北大山水自然保护中心与当地政府部门协商，2020年，在野鸭湖及妫水河畔为灰鹤种植了大片玉米，为越冬的灰鹤准备好冬季的"口粮"。密云区林业局也在水库的漫滩择机投放了大量食物。人们向野生灰鹤伸出援助之手，这是生态文明的进步。

后记

　　十年前，我对鸟类与自然的奥秘产生了浓厚的兴趣，怀揣着对鸟类的热爱和对大自然的敬畏，开始了这场漫长的探索之旅。那时我的目标并不宏大，只想描绘出一幅生机勃勃的自然画卷，呈现鸟儿的婉转歌声和飞翔姿态，希望将这美妙的一瞬与更多人分享，引发大家对自然环境的关注和保护。

　　随着拍摄的不断深入，我从一位鸟类"小白"变成了一位资深鸟类爱好者。期间拍摄了一万多分钟的各类鸟儿视频素材，用了六年时间才完成一百集的鸟儿视频节目。

　　四年前，我和我的团队，在鸟类专家赵欣如的指导下，开始构思出版一本图书，希望通过文字和视频相结合的方式，向人们展示鸟类世界的奥秘。文稿中的每一处细节、每一段故事、每一个形象，都力图让读者更深入地了解鸟类与自然的关系。如今这一计划已经接近尾声，掩卷长思，一时间感慨万千！

　　十年间，我们经历了无数的坎坷与挑战，走进大山、涉足险滩、穿越密林，风餐露宿，乐此不疲。

大自然中的鸟类画卷是万象缤纷、精彩纷呈的。只有投入极大的勇气、努力、耐心和毅力，以卓越的技能和敏锐的洞察力捕捉每一处细节，才能将鸟类世界的微妙变化展现得淋漓尽致，与鸟儿建立心灵上的沟通，和它们做真挚的朋友。

　　此刻，看着即将完成的作品，我不禁想向一同走过十年风雨的创作团队致以最深的谢意。你们的才智和努力，让我们的梦想成为了现实，将原本冰冷的影像化为温润朴实的作品。

　　如果读者朋友们能通过这本书，感受到鸟与自然的魅力，理解保护环境的重要性，进而关照与我们生活在同一片蓝天下的鸟类朋友，那将是我们莫大的荣幸。

2024 年 8 月 9 日

视频制作人员

策　划：孙月亚　杨志刚

顾　问：赵欣如

编　导：赵　阳

撰　稿：赵　阳　赵欣如

摄　像：赵　阳　潘卫东　刘　旸　微雨燕　北京老杨
　　　　杨　诚　唐杨林

配　音：赵　阳

航　拍：吕律坤

美　术：苏　凯

剧　务：袁　萍

监　制：孙月亚

支持单位

北京开放大学

北京三隅文化传媒有限公司